U0333020

# 百科通识文库新近书目

古代亚述简史

"垮掉派"简论

**混沌理论**

气候变化

当代小说

地球系统科学

优生学简论

哈布斯堡帝国简史

好莱坞简史

莎士比亚喜剧简论

莎士比亚悲剧简论

天气简述

百科通识
文库

伦纳德·史密斯 著 徐巍 译 石靖 校

# 混沌理论

外语教学与研究出版社
北京

京权图字：01-2020-7239

**图书在版编目（CIP）数据**

混沌理论／（英）伦纳德·史密斯（Leonard Smith）著；徐巍译. ——北京：外语教学与研究出版社，2021.3（2024.4 重印）
（百科通识文库）
ISBN 978-7-5213-2416-7

Ⅰ. ①混… Ⅱ. ①伦… ②徐… Ⅲ. ①混沌理论－普及读物
Ⅳ. ①O415.5-49

中国版本图书馆 CIP 数据核字 (2021) 第 035699 号

地图审图号：GS（2020）7139

出 版 人　王　芳
项目负责　姚　虹　周渝毅
责任编辑　徐　宁
责任校对　周渝毅
封面设计　泽　丹　覃一彪
版式设计　锋尚设计
出版发行　外语教学与研究出版社
社　　址　北京市西三环北路 19 号（100089）
网　　址　https://www.fltrp.com
印　　刷　北京盛通印刷股份有限公司
开　　本　889×1194　1/32
印　　张　8
版　　次　2021 年 3 月第 1 版　2024 年 4 月第 2 次印刷
书　　号　ISBN 978-7-5213-2416-7
定　　价　30.00 元

如有图书采购需求，图书内容或印刷装订等问题，侵权、盗版书籍等线索，请拨打以下电话或关注官方服务号：
客服电话：400 898 7008
官方服务号：微信搜索并关注公众号"外研社官方服务号"
外研社购书网址：https://fltrp.tmall.com

物料号：324160001

记载人类文明
沟通世界文化
www.fltrp.com

# 目 录

# 图 目

# 前 言

下文介绍的"混沌"反映的是数学和各门科学中的现象，是系统；在这样的系统中，（没有作弊的情况下）当前事物的微小差异会对未来事物产生巨大影响。当然，如果事物都是随机发生，或者所有事物持续激增，永无止境，那就是作弊了。本书勾画出精彩的丰富内容，这些内容遵从我们称之为**敏感性**、**决定论性**和**常返性**的三个简单约束条件。这三个约束条件容许了数学混沌的存在：看似随机实则不然的行为。当假定为预报中有效成分的一点**不确定性**被容许时，混沌便重新点燃了长达数个世纪的关于世界性质的争论。

本书自成体系，如果遇到术语，则对其加以界定。笔者的目标是要展示混沌是什么，在何处，怎么样，同时避开任何需要高等数学背景的"为什么"议题。幸好，对混沌和预报的描述很适于采用图形化、几何化的理解。我们对混沌的考察将把我们带到未经方程的可料性这一研究前沿，揭示对天气、气候及其他相关真实世界现象正在进行的科学研究中的未决问题。

如果把近期大众对混沌学的兴趣与百年前对科学的兴趣爆炸拿来比较，就会发现这两者演化的进程不尽相同；当时，狭义相对论触动了大众敏感的神经，且其影响在此后的数十年间历久不衰。科学对数学混沌的拥抱为什么会引起公众不同的反应呢？或许其中一个区别在于，我们中的大多数人早就知道极微小的差异有时会造成巨大的影响。现在称之为"混沌"的概念既源自科学幻想，亦源自科学事实。确实，这些理念在被接受为事实之前，已经在虚构故事中深深扎下了根：或许公众对混沌的影响已经极为熟稔，而科学家还在当他们的鸵鸟？伟大的科学家与数学家有足够的勇气和洞察力来预见混沌的到来，但是直到最近，主流科学仍在要求一个优质的解应该循规蹈矩；分形对象和混沌曲线被认为不仅是离经叛道的，而且是提法错误的问题的标志。对数学家来说，几乎没有什么指控比暗示自己的职业生涯浪费在提法错误的问题上更为丢脸了。对那些甚至在理论上也被认为是无法复制其结果的问题，有些科学家仍然感到厌恶。混沌要求的解只是到了近期才在科学圈子里被广泛接受，而通常专属于"专家"的"我早就告诉过你"的得意这次却被公众抢先一步享用了。这也说明了为什么在数学和各门科学中经过了广泛培育的混沌，却在气象学、天文学等应用科学中扎下了根。应用科学受到理解和预测现实的愿望之驱使，这一愿望克服了当今形式数学的细枝末节，不论这些细枝末节是什么。这对能够跨越世界模型和世界本身之间的分歧的极少数个体提出了要求，同时又不令这二者错综难分；这些个体能够区分现实和数学的区别，从而拓展数学的领域。

正如本系列其他各本一样，篇幅的限制常要求我们对整个整个的研究项目一带而过或是完全忽略；笔者展示了一些在不同语境中反复出现的主题，而不是一系列粗浅的描述。对于研究工作未能收入本书的，笔者在此对他们表示歉意。同时还要感谢卢恰娜·奥弗莱厄蒂（Luciana O'Flaherty，笔者的编辑）、温迪·帕克（Wendy Parker）和林·格洛弗（Lyn Grove），她们为区分笔者最感兴趣的内容和读者可能感兴趣的内容提供了帮助。

## 如何阅读本书

书中尽管涉及一些数学的内容，但不会有比 X = 2 更复杂的方程。相比而言，术语更难避免。必须掌握**粗斜体**的词语；这些术语是混沌的核心，有关它们的简短定义可在书末的词汇表中找到。*斜体*则用来表示强调，或者提示该术语会在随后的一两页中出现，但不大可能在全书反复出现。

百思不得其解的问题可以在网站 http://cats.lse.ac.uk/forum/ 的 VSI 混沌论坛中提出。有关这些术语的更多信息可以通过维基百科（http://www.wikipedia.org）、http://cats.lse.ac.uk/predictability-wiki/ 找到。

第一章

# 混沌的萌芽

陷入泥淖，闪着青、金、黑三色光芒的，

是一只蝴蝶，美极了，也死透了。

它飘然落地，这纤弱的小东西

可能打破平衡，碰倒一连串的

多米诺骨牌，先是小的，再是大的，

末了是巨型的，全都在时间的长河中倒下。

——雷·布雷德伯里（Ray Bradbury，1952 年）

## 数学混沌的三个标志

"蝴蝶效应"已成为混沌的代名词，但"微小的细节有时会产生重大的影响"这一事实真的令人吃惊吗？这里所谓微小的细节可以假设为存在某只蝴蝶的世界，和另一个与之一模一样、只是少了这只蝴蝶存在的世界的差别。由于这个小差别，两个世界很快变得大相径庭。这一概念在数学上称为**敏感依赖性**。混沌系统不仅表现出敏感依赖性，它还有其他两种属性：*决定论性*和*非线性*。在本章中，我们来看看这些概念的含义，以及它们是如何被引入科学的。

混沌之所以重要，部分原因是它提高了我们描述、理解，甚至可能是预报的能力，以帮助我们应对不稳定系统。实际上，我们将会驳斥的一个关于混沌的谬误就是，混沌使预报成了无用功。在同样流行的另一个有关蝴蝶的故事中，存在一个蝴蝶扇动了翅膀的世界，以及与之相对、蝴蝶没有扇动翅膀的世界。这个小差别意味着龙卷风只在其中一个世界出现，于是它就把混沌与不确定性和可料性联系了起来：我们身处哪个世界呢？混沌描述的是在数学模型中容许不确定性如此迅速增长的机制。它放大了不确定性，加深了预报的难度。混沌的这一形象会在本书中反复出现。

## 混沌的呢喃

关于混沌的警告无处不在，甚至连幼童都知道。"少了一枚铁钉，可能王国不保"的警示可以追溯到 14 世纪。这首熟稔童谣的以下版本由本杰明·富兰克林（Benjamin Franklin）发表在 1758 年的《穷理查年鉴》上：

少了一枚铁钉，丢了一只马掌；

丢了一只马掌，失了一匹战马；

失了一匹战马，摔了一位骑将；

摔了一位骑将，敌军追上屠戮；

这一切的一切，皆因一枚铁钉。

我们不寻求对混沌中不稳定种子的解释，宁可描述在最初的种子播下之后，不确定性的增长。在这个例子中，就是解释为什么少了一枚铁钉会导致一位骑将折损，而不是铁钉不见了这一事实。当然，铁钉实际上只存在两种可能：有或者无。但穷理查告诉我们的是，如果铁钉没有丢失，王国就不会灭亡。我们经常会考察差异微小的不同情形带来的影响，以此探讨混沌系统的属性。

混沌研究在天文学、气象学、种群生物学、经济学等应用科学中很常见。自艾萨克·牛顿（Isaac Newton）以降，各门科学学科已通过对世界的准确观察以及定量预测，为混沌学发展的主要理论家提供了支持。根据牛顿定律，太阳系的未来完全由其现行状态决定。19 世纪的科学家皮埃尔·拉普拉斯（Pierre Laplace）将这一决定论在科学中提升到了一个关键的地位。如果现行状态完全界定未来，那么世界就是决定论性的。1814[1] 年，拉普拉斯杜撰出了一个我们现在称为"拉普拉斯妖"的实体，把决定论和原则上的预测能力，与科学上的"成功"这一概念联系到了一起。

我们可以把宇宙的眼前状态视作其过去的果和未来的因。假如一个智能在某一时刻能知道促使自然运动的所有的力和构成自然一切物体的所有的位置，假如这个智能还有足够的能力对这些数据加以分析，那么它就能把宇宙中从最大

---

1  原文"1820"疑为作者之误。——译注，下同

的天体到最小的原子的运动都纳入一条单一的公式里。对这个智能来说，没有事物是不确定的，未来像过去一样，会在眼前呈现。

值得注意的是，拉普拉斯颇有先见之明，赋予了他的"妖"三个属性：通晓自然法则确切知识的能力（"所有的力"）、知悉宇宙定格瞬间确切状态的能力（"所有的位置"），以及无限的计算资源（"有足够的能力对这些数据加以分析"）。对"拉普拉斯妖"来说，混沌对预测不会造成任何障碍。移除这些属性中的一个或以上后将会产生什么样的影响，才是我们贯穿全书要考虑的问题。

从牛顿的时代直到19世纪末，大多数科学家同时也是气象学家。他们对天气预报中不确定性所扮演的角色深感兴趣，由此混沌和气象学紧紧联系在了一起。本杰明·富兰克林对气象学的兴趣远不止于他在雷雨天放风筝的那个著名实验。他被认为注意到了天气自西向东变化的一般运动规律，并且他还从费城写信到更东部的城市以验证自己的理论。尽管信件抵达时天气变化已经发生，这仍可算是早期的天气预报了。拉普拉斯自己则发现了气压随着高度上升而降低的定律；他还对误差论作出过奠基性的贡献：当我们进行观测时，测量在数学意义上永远都达不到精确，所以"真"值总是存在一定程度的不确定性。科学家常把观测中的任何不确定性归因于*噪声*；噪声没有精确的定义，对我们测量的任何东西，不论是桌子的长度、花园里兔子的数量，还是正午气温，只要是阻碍观测的，都可以称为噪声。噪声导致*观测不确定性*，而一旦有了噪声模型，混沌就可以帮助我们理解小的不确定如何演变为大的不确定。混沌带来的一些启示还能够帮助我们厘清噪声在定量科学的不确定性动态中扮演的角色。噪声变得益发有趣起来，因为对混沌的研究正迫使我们重新审视"真"值的概念。

在拉普拉斯有关概率论的著作问世 20 年之后，埃德加·爱伦·坡（Edgar Allan Poe）早早提到了我们现在所称的大气中的混沌。他说，我们仅仅挥动双手就能对地球周围的大气产生影响。爱伦·坡接着又呼应了拉普拉斯的观点，声称地球上的数学家能够计算出这一挥手"脉冲"扩散开来并永远改变大气状态的进程。当然，是否挥动双手的选择权在我们：自由意志提供了可能培育混沌的另一源头。

1831 年，在拉普拉斯的科学著述业已付梓、爱伦·坡的虚构故事尚未出版之时，罗伯特·菲茨罗伊（Robert Fitzroy）船长把年轻的查尔斯·达尔文（Charles Darwin）带上了他的发现之旅。基于这次航行的观察，达尔文提出了自然选择论。演化与混沌之间的共同点比人们以为的要多。首先，从语言上来讲，"演化"和"混沌"都同时既指待解释的现象，又指作为解释的理论。这常会在描述这一行为本身和描述对象之间造成混淆（就像是"混淆了地图与领土"）。在本书中，我们会看到，如果混淆数学模型和模型致力描述的现实，将扰乱对二者的讨论。其次，往更深一层来看，有些生态系统的演化就像是混沌系统一样，因为环境的微小差别会造成巨大影响。而且，演化也参与了对混沌的探讨。本章开篇的话引自雷·布雷德伯里的短篇小说《一声惊雷》，故事中穿越时空捕杀大型猎物的猎手无意中踩死了一只蝴蝶；当他们再次回到未来时，发现世界已经不是他们离开时的样子。故事中的人物曾设想杀死一只老鼠造成的后果，由于其死亡而引发的状况不断升级，老鼠、狐狸、狮子等一代代不复存在：

各种昆虫，秃鹫，无以计数的生命陷入混乱与毁灭……
踩死一只老鼠，你便在永恒的时空中留下一座大峡谷般的印
记。伊丽莎白女王也许不会出生，华盛顿也许不会跨过特拉
华河，美利坚合众国也许根本不会存在。所以要小心，跟着
路线走。不要偏离道路！

不用说，有人就是偏离了道路，踩死了一只美丽的青
黑色小小蝴蝶。我们只能在数学和文学的虚构世界中假设
这些"如果"，因为我们接触到的只有一个现实。

术语"蝴蝶效应"的起源恰如其分地笼罩着一层神秘
的面纱。布雷德伯里这一 1952 年的短篇小说要早于 20 世
纪 60 年代初发表的一系列有关混沌的科学论文。气象学
家埃德·洛伦茨（Ed Lorenz）曾把海鸥的翅膀当作引起
变化的动因，不过那次研讨会的标题并非出自他本人。他
早期由计算机生成的混沌系统图像之中，有一张确实类似
蝴蝶。但是不论"微小差别"以何种形式出现，是缺失的
马掌铁钉、蝴蝶、海鸥，还是最近在动画《辛普森一家》
中被荷马·辛普森"捏死"的蚊子，"微小差别会产生巨
大影响"这个概念都不是新的。尽管对微小差别的源头保

持沉默，混沌理论还是为其足以毁灭王国的迅疾发展速度
提供了描述，由此将之与预报和可料性紧密联系起来。

## 最早的天气预报

如同当时的任何一位船长一样，菲茨罗伊对天气表现
出浓厚的兴趣。他造了个便于航行时使用的气压计。对于
无法获得卫星图像和无线电通信的船长来说，气压计的价
值怎么高估都不为过。狂风暴雨的出现总是伴随低气压；
通过对气压的定量测量，可以得知气压变化的速度，气压
计由此为地平线上即将到来的天气骤变提供了攸关生命的
信息。菲茨罗伊晚年时成为了日后的英国气象局的首任长
官。他利用新装的电报收集观测结果，发布全国天气现状
概要。电报的应用使得气象信息的传递首次快过了天气变
化本身。菲茨罗伊还和法国的勒威耶（Le Verrier）——因
依据牛顿定律发现两颗新的行星而闻名 [1]——合作，为国
际上第一次实时天气预报作出了贡献。然而，这些预报遭
到了达尔文的表弟、统计学家弗朗西斯·高尔顿（Francis

---

1　勒威耶发现的是海王星。另一颗他认为存在的行星是祝融星（Vulcan），
　位于太阳与水星之间，但后来被爱因斯坦的广义相对论排除。

Galton）的猛烈批评；他自己在 1875 年的《泰晤士报》[1] 上发表了第一张气象图（见图 1）。

如果说观测误差造成的不确定性提供了培育混沌的种子，那么理解这种不确定性就有助于我们更好地应对混沌。和拉普拉斯一样，高尔顿对误差论的兴趣在于其最广义的层面。为了说明无处不在、常常看似反映测量误差的"钟形曲线"，他发明了现在称为"高尔顿钉板"的"梅花阵"（其最常见的版本如图 2 左侧所示）。高尔顿模拟了一个随机系统：他将铅弹倒入梅花阵中，每个铅弹碰到"钉子"后都各自有二分之一的概率向其左侧或右侧落下，因此形成铅弹的钟形分布。注意，梅花阵的意义远不止蝴蝶翅膀的一次扇动那么简单：两颗相邻铅弹的路径在每一层上既可能相同，也可能岔开。我们在第九章还会再谈到高尔顿钉板；在此之前，权且把服从钟形曲线分布的随机数视作噪声的一个模型来多加利用。图 2 左侧高尔顿钉板底部的钟形分布较粗糙，我们将会在图 10 上部看到更光滑的版本。

---

1　因本书于美国出版，原文 *London Times* 即指英国《泰晤士报》(*The Times*)。

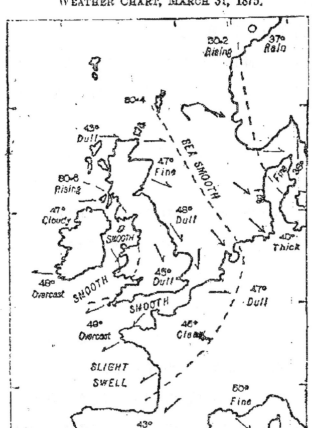

图 1. 首张在报纸上发布的天气图。弗朗西斯·高尔顿制，1875 年 3 月 31 日见于《泰晤士报》

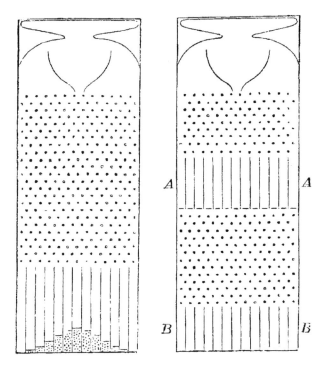

图 2. 高尔顿 1889 年绘制的现在称为"高尔顿钉板"的示意图

　　为什么天气预报直到近 200 年后的今天仍然不甚可靠呢？对混沌的研究赋予了我们新的洞见。是因为我们在今天的天气中遗漏了会对明天天气造成重大影响的微小细节吗？还是因为我们的方法虽然比菲茨罗伊来得高明，却依然不完美？爱伦·坡关于蝴蝶效应在大气中的早期具象化描述还伴随着这样一种观点：足够完美的科学能够预测任何物理的事物。然而，不论在科学还是虚构上，长久以来人们就已经认识到，敏感依赖性为具体的天气预报增添了难度，甚至可能限制了物理学的辖域。1874 年，物理学家詹姆斯·克拉克·麦克斯韦（James Clerk Maxwell）指出，某一科学领域的成功往往与"成比例"的概念相伴而生：

> 只有当初始情形的微小差异仅产生系统终态的微小差异时，这一点才成立。许多物理现象满足这一条件；但也存在一些例子，其中初始的一个微小差异可能造成系统终态的巨变，比方说"点"的移位导致一辆火车未沿正确轨道行驶，而与另一车相撞。

对混沌而言，这个例子仍属非典型，因为其敏感性是"一次性"的。但它依然有助于我们区分敏感性和不确定性：只要点的位置——或者说哪列火车在哪条路轨上——没有不确定性，敏感性就不会造成威胁。试想在落基山脉的山脊附近倒一杯水。水自大陆分水岭的一边流向科罗拉多河及太平洋，另一边则流向密西西比河，最终汇入大西洋。杯子往哪边移动说明了其敏感性：杯子位置的微小变化决定了某一特定水分子落入不同的大洋。杯子位置的不确定性或许制约了我们预测眼前的水分子归属哪个大洋的能力，但这只有在不确定性越过了分水岭的时候才是成立的。当然，如果我们确实想这样做的话，就需要质疑是否真实存在这种分割大陆的数学线，以及水分子是否可能遭遇其他风险而到不了大洋。混沌系统通常包含远不止一个一次性的"跳点"；它更像是个不断蒸发又掉落至到处都是大陆分水岭的地区的水分子。

*非线性*是根据其否定意义来定义的（即，它不是线性的）。这种定义会造成困扰：怎么在生物学上来定义"非大象"呢？当前要记得的基本概念是，非线性系统显现的是不成比例的反应：给骆驼背上放第二根稻草可能会比放第一根稻草的影响大得多（或小得多）。线性系统作出的反应总是成比例的，非线性系统的反应则不必如此，这就使非线性在敏感依赖性的起源中扮演了关键角色。

## 彭斯诞辰日风暴

可是，小鼠呀！并非只有你，才能证明

深谋远虑有时也会枉费心机。

不管是人是鼠，即使最如意的安排，

结局也往往会出其不意。

于是留给我们的，只有悲哀和痛苦，

而不是想要的欣喜。

你还是幸运的呢，要是与我相比！

只有目前我才伤害了你。

可是我呢？唉，往后看，

凄凄惨惨，一片黑漆！

往前看，虽然我还无法看见，

可只要一猜，就会不寒而栗！

——罗伯特·彭斯（Robert Burns）《致田鼠》（1785 年）[1]

彭斯的诗赞扬了田鼠只求活在当下，不知道壮志未
酬的痛苦和明日未卜的恐惧。而且他作此诗是在 18 世纪，
当时不论是人是鼠，计划安排都还未借助计算机器。尽管
先见之明可能带来痛苦，气象学家仍旧每天孜孜不倦地寻

---

1　译文引自徐家祯。

求预测明天可能的天气。有的时候这样的努力得到了回报。在 1990 年的彭斯诞辰日这一天，一场狂风暴雨横扫包括不列颠诸岛在内的北欧各地，造成了严重的财产损失和人员伤亡。风暴中心途经彭斯位于苏格兰的家乡，因此它以彭斯诞辰日风暴而闻名。图 4 上部（第 19 页）所示是反映 1 月 25 日正午时分风暴的一张天气图。这是 40 年来最致命的风暴，共造成北欧 97 人死亡，其中一半在英国。约 300 万棵树被刮倒，保险赔偿价值 20 亿英镑。然而彭斯诞辰日风暴并非臭名昭著的错误预报案例之一：气象局这次的预报相当准确。

相形之下，1987 年大风暴之所以出名则是因为风暴来临前夜，英国广播公司电视上的一位气象学家还特地告诉观众，不必担心会有飓风自法国而来侵袭英格兰，这些都是谣传。事实上两次风暴的时速都超过了 100 英里，而且彭斯诞辰日风暴造成了更大的人员伤亡。然而，已经过去 20 年的 1987 年大风暴反倒是人们更常热议的话题；这可能正是因为彭斯诞辰日风暴得以准确预报。这次预报从始到终的一连串事件并未令人联想起蝴蝶存在与否的架空世界，而是完美演绎了混沌模型影响我们生活的另一种方式。

图 3. 彭斯诞辰日风暴隔天的《泰晤士报》头条

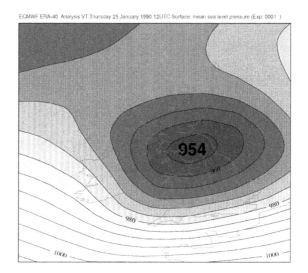

ECMWF ERA-40 Analysis VT:Thursday 25 January 1990 12UTC Surface: mean sea level pressure (Exp: 0001 )

FC   +48 h

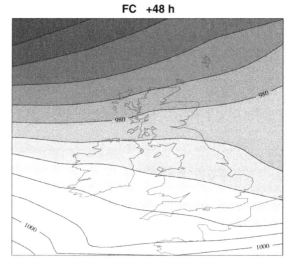

图 4. 反映彭斯诞辰日风暴的现代天气图,分别通过天气模型(上图)和
以同一时段为目标、显示天气晴好的提前两日预报(下图)所见

1990 年 1 月 24 日清晨，两艘位于大西洋中部的船只发送了常规的气象观测结果，而这两艘船的位置横跨的正是彭斯诞辰日风暴中心的两端。预报模型根据这些观测结果得出了准确的预报。事后对模型的再次运行显示，如果忽略这些观测结果的话，模型预报的将会是一次在错误地点发生、强度较小的风暴。因为彭斯诞辰日风暴袭来时是白天，要是未能提前预警，将会造成重大的生命损失。由此我们获得了这样一个例子：一些观测结果如果不存在的话，预报，乃至人类历史进程都会改变。当然，远洋气象船不会像马掌铁钉一样轻易消失不见。至于这个故事更深层的意义，我们要真正了解，就需考察气象模型是如何"工作"的。

天气预报作业不管论其本身还是论其相关都是个了不起的事业。观测结果每一天都会采集自地球最遥远的角落，并在遍及全球的各国气象局间交流分享。许多国家都利用这些数据来运行其计算模型。有时观测结果会遇上最古老的错误，比如把气温记成风速，比如打字错误，又比如传输故障。要防止这些错误污染预报，就要对接收的观测结果进行质量管控：观测结果要是与（基于前次预报的）模

型预测不相符，那么可以拒绝接收，特别是当没有附近的
独立观测结果给予其支持的时候。这一方案设想得很好。
当然，在大西洋的中央，绝少可能有任何"附近的"观测
结果，而气象船的观测结果显示了在那里有风暴在形成，
但模型却没有预测到，于是计算机的自动质量管控程序就
拒收了这些观测结果。

　　幸运的是，计算机的决定被推翻了。一个当值的干
预预报员意识到这些观测结果十分重要。他的工作就是在
计算机明显干了蠢事的时候——这是很常见的——进行干
预。在此例中，他骗得计算机接收了这些观测结果。接收
与否完全取决于个人主观的判断，因为当时无法确知何种
行动会产生更准确的预报。计算机被"骗"了，观测结果
被留下来使用了。风暴得以预报，生命也得以挽救。

　　从这件事可以得到两条启示：首先，当模型为混沌性
时，观测结果的小变化会对预见质量产生大影响。一个想
要削减成本的会计师在计算来自任何一所特定气象站任何
一项特定观测结果的一般价值时，很可能极大低估其中一
所气象站在正确时间、正确地点发送的未来预报的价值；
同样，他也可能极大低估常常什么都不需要做的干预预报

员的价值。其次，彭斯诞辰日的预报显示了与蝴蝶效应的些微不同之处。数学模型容许我们担忧真实未来可能发生的事。这种对真实未来的担忧，不是考虑多个可能的世界（其中仅有一个是真实的），而是对比模型的不同模拟（想进行多少次模拟都可以）。科学赋予我们新方法去猜想，也带给我们新事物去畏惧，这一点彭斯可能会深有感触。蝴蝶效应对比的是不同的世界：一个世界有铁钉，另一个则没有。*彭斯效应*则将焦点牢固地放在我们自己身上，放在我们于真实世界中作出理性抉择的努力上；这个真实世界只有利用各种不尽完美的模型给出的一系列不同的模拟。不能区分现实和模型、观测和数学，乃至实证和科幻，正是公众和学界对混沌理解混乱的根源。对非线性和混沌的研究再次澄清了这一分界的重要意义。我们会在第十章中更深入地探讨今天的天气预报员在预报气象活动时如何利用对混沌的理解得来的洞见。

我们已稍稍触及了混沌数学系统的三个属性：混沌系统是非线性的、决定论性的，并且因对初始条件表现出敏感性而是不稳定的。在接下来的章节中，我们会进一步对其加以限定。但我们真正的兴趣不仅在于混沌的数学理论，还在于它能带给我们的对于真实世界的认知。

## 混沌和真实世界：可料性与一只 21 世纪的"拉普拉斯妖"

仅仅因为完成了一些数学计算，就相信自然的某个方面是确定的，科学上再没什么比这更大的错误了。

——艾尔弗雷德·诺思·怀特海

（Alfred North Whitehead，1953 年）

混沌对我们的日常生活来说意味着什么呢？它影响到天气预报的方式和手段，而这些方式和手段又直接通过天气、间接通过天气和预报的经济后果影响到我们。混沌还在气候变化及我们对全球变暖的强度与影响的预见能力这一问题上扮演重要角色。虽然我们预报的事项还有很多，但是可以用天气和气候来分别代表短期预报和长期建模。"下一次日食何时出现？"是一个类似天气的天文学问题，而"太阳系稳定吗？"则是一个类似气候的问题。在金融学上，何时买入 100 股某只股票是类似天气的问题，类似气候的问题则可能探究投资股票还是地产。

混沌还对各门科学产生重大影响，迫使我们重新审视科学家所称的"误差"与"不确定性"的含义及它们在应用到我们的世界和模型时意义如何变化。如怀特海所指出的，阐释数学模型时，若将它们看作真实世界的统辖者是很危险的。可以说，混沌最引人遐想的影响并不是新产生的，它的产生是因为过去 50 年来数学的发展带给许多老问题以新的思考。比方说，对于无法逃脱观测噪声的一只 21 世纪"拉普拉斯妖"而言，不确定性会产生怎样的影响呢？

假设某一智能通晓所有自然法则的精准知识，并且在一段任意的长时间之内对一个孤立的混沌系统进行有效但不完美的观测。这样的智能即使有足够的能力对所有这些数据进行精确的计算分析，也无法确定系统的现行状态，因而现在乃至未来在其眼中都是不确定的。尽管这个智能无法精确预测未来，未来却不会大出其预料，因为它能够看到可能及不可能发生的事，也知道任一未来事件的发生概率：它能看到世界的可料性。如果模型是完美的，现在的不确定性可以转化为精确量化的未来不确定性。

阿瑟·埃丁顿爵士（Sir Arthur Eddington）在其 1927
年的吉福德讲座中谈到了混沌问题的核心：对于一些事物
来说，预测无足轻重，特别是当它们只和数学本身有关时；
另一些事物则在某些时候看起来是可料的：

据预报，1999 年 8 月 11 日在康沃尔会发生可见的日全
食⋯⋯我不妨大胆预测一下，即使到了 1999 年，2 + 2 也等
于 4⋯⋯预测明年此时的天气⋯⋯永远不大可能实现⋯⋯我
们必须拥有眼前条件极尽详细的信息，因为一个小小的局部
偏差就有可能产生无穷尽的影响。我们必须考察太阳的状态
⋯⋯预先收到火山爆发的警讯⋯⋯一次煤矿罢工⋯⋯一根点
燃又随意丢弃的火柴⋯⋯

最优的太阳系模型是混沌性的，最优的天气模型看上
去也是混沌性的，为什么埃丁顿在 1927 年会对 1999 年发
生日食信心满满呢？为什么他又会对提前一年的天气预报
不可能准确同样满怀信心呢？在第十章中，我们将看到旨
在更好地应对混沌的现代天气预报技术怎样帮助我见到那
次日食。

## 范式的碰撞：混沌与争议

过去 20 年来，混沌研究引起人们兴趣的原因之一，就是看待世界的不同方式汇聚成同一组观测结果时所产生的摩擦。混沌引发了一定程度的争议。孕育混沌的研究带来翻天覆地变革的不仅是专业天气预报员的预报方式，还有预报内容的组成。这些新的理念常常与传统的统计建模方法相悖，且仍在为如何最优地模拟真实世界提供争论与启示。大论战因学科领域的性质不同及我们对感兴趣问题所在的某一特定系统的理解水平高低而分散为零星交火，不论是斯堪的纳维亚半岛田鼠的种群数量、量化混沌的数学计算、太阳表面黑子的数量、下月交付的石油的价格、明天的最高气温，还是上一次日食的日期。

这些零星交火别有兴味，可即便双方都在为争夺传统优势——"最优"模型——而战，混沌仍提供了更深层次的洞见。在这里，混沌研究重新定义了"高地"：今天我们不得不重新考虑组构最优模型甚至"优质"模型的要素有哪些。可以说，我们必须放弃追求"真值"这一想法，或者至少以全新的方式来定义我们与"真值"之间的距离。

对混沌的研究激励我们在没有希望达成完美的情况下建立
起实用性，并且放弃许多有关预报的显见事实，例如好的
预报是由接近目标的预测构成的这种天真的想法。在我们
没有了解到混沌的深远内涵之前，这个想法一度显得并不
那么天真。

## 拉·图尔的画作：科学于真实世界的现实观

在结束这章之前，要说明一下混沌怎样迫使我们重新
考虑一个优质模型的组构，并且修正我们关于是什么最终
导致了预报失败的观念。科学家和数学家皆受其影响，但
是重新审视会因个人视角及被研究的实证系统而异。这一
情形在 17 世纪法国画家乔治·德·拉·图尔（Georges de
la Tour）一幅表现纸牌游戏的巴洛克画作中被拟人化地生
动表现出来（见图 5）。拉·图尔可以说是具有幽默感的
现实主义者。他喜欢算命和赌博，尤其是当运气所扮演的
角色比游戏者以为的要小的时候。理论上，混沌正适合扮
演这一角色。我们可以将这幅画解释为一个数学家、一个
物理学家、一个统计学家和一个哲学家正在玩一个依赖技

图 5. 《方块 A 的作弊》，乔治・德・拉・图尔绘于约 1645 年

术、灵巧性、洞见和计算能力的游戏；这些也可以用来描述科学研究，不过眼下的任务则是扑克牌游戏。画中到底谁是谁没有定论，我们在本书中会不时回到这些自然科学的拟人化形象上来。混沌所带来的洞见虽因人而异，但一些观察结果还是明白无误的。

右边打扮得无懈可击的那个年轻男子正在仔细盘算，无疑是某种性质的概率预测。他的桌上有一把可观的金币。发牌人则扮演关键的角色，没有她就无牌可打。她提供了我们交流的语言，然而看上去她和女仆正在进行无声的交流。女仆扮演的角色仍不甚明了，可能并没多大干系，可话说回来，她提供的酒可以影响牌局，而她本人则可能是为了转移大家的注意力。衣着不羁、未系领结的那个无赖明显关注着真实的世界，而不仅仅是在真实世界的某一模型中露个面。他的左手正从腰带处抽出几张方块 A 中的一张，想要偷偷放到牌局中。如果第一个年轻男子事实上玩的并不是他的数学模型所描述的游戏，那么他计算的"概率"又有什么用呢？我们这位无赖又比他人多知道些什么？他的一瞥是朝向我们的，是否暗示他知道我们可以看到他的行动，甚至意识到自己是在画中？

混沌的故事之所以重要，是因为它让我们从每个牌手的角度来看这个世界。我们是仅仅发展出一套牌戏使用的数学语言吗？是在过度阐释某个可能有用的模型，忽略它跟所有模型一样有缺陷这一事实，因而冒着经济上一败涂地的风险吗？是放眼全局，没有直接参与游戏，只不过间或提供耐人寻味的分心工具吗？还是在操纵我们所能改变的事物，承认模型的不足带来的风险，甚至是由于身处系统之中而带来的自身局限性？要回答这些问题，我们必须首先考察众多科学术语中的几个，以辨别混沌是怎样从传统线性统计学的噪声之中挣脱出来，争夺扮演理解并预测复杂的真实世界系统这一角色的。在科学上未广泛承认混沌的非线性动态之前，这些问题主要依靠哲学家来解答。今天，它们借由数学模型向物理学家与预报工作者寻求答案，由此改变了决策支持的统计学，甚至影响到政治家与政策制定者。

第二章

# 指数性增长、非线性与常识

对混沌系统最普遍的误解之一就是它们不可预测。要揭开这一谬误之处，我们必须了解预测越来越久远的未来时，预报的不确定性是如何增长的。在本章中，我们探究*指数性增长*的起源和意义，因为一般而言，混沌系统中一个小小的不确定会呈现指数性的快速增长。从某种意义上说，这一现象确实暗示，当我们预报更久远的未来时，不确定性"更快速地"增长，要比传统观念以为的误差和不确定性的增长快得多。尽管如此，混沌有时候也是很好预测的。

**国际象棋、米粒与列奥纳多的兔子：指数性增长**

有一个关于国际象棋起源的故事常被用来生动地展

示指数性增长的速度。故事是这样的：古代波斯的一位国王初见到这种游戏时非常喜欢，就想奖赏象棋的发明者西萨·本·达希尔（Sissa Ben Dahir）。象棋棋盘为八横八纵64个方格。作为奖赏，本·达希尔的要求看起来并不为过：由这种新创棋盘决定的一定数量的米粒。在棋盘的第一格中放入一粒米，第二格中放入两粒，第三格中放入四粒，第四格中放入八粒，以此类推，每一格的米粒数都为前一格的双倍，直到填满64格为止。数学家常把由一个数生成另一个数的任一规则称为数学*映射*，因此我们将这一简单的规则（"把现行数值翻倍生成下一数值"）叫作"*米粒映射*"。

在计算出本·达希尔究竟要了多少粒米之前，我们先来看看如果线性增长会是什么情况：第一格一粒米，第二格两粒，第三格三粒……直到第64格64粒。由此我们得到的总数为64 + 63 + 62 +……+ 3 + 2 + 1，为2080粒米[1]。作为比较，一袋1千克的米装有数万米粒。

"米粒映射"要求第一格中摆放一粒米，第二格中摆

---

1　原文"大约1000粒米"疑为作者之误。

放两粒，第三格中摆放四粒，接下来 8 粒、16 粒、32 粒、64 粒，直到第一排末格的 128 粒。从第二排第三格起，我们超过了 1000 粒；第二排还未到尾，袋子里的米就已经都摆光了。光填满下一格就要再加一袋，下下一格再加两袋，以此类推。第三排中的某一格要求一小屋子米的容量；第五排远未到头时，拥有的米就足够填满皇家艾伯特音乐厅了。到最后，仅第 64 格就需数以亿亿计的米粒，或者确切来说，是 $2^{63}$（ = 9,223,372,036,854,775,808）粒米。整个棋盘加起来是 18,446,744,073,709,551,615 粒米。这可不是一个小数目！它几乎相当于两千多年间全世界的大米产量。指数性增长很快就超出了可控的范围。

通过比较某一给定棋格中线性增长的米粒数和同一棋格中指数性增长的米粒数，我们很快就认识到指数性增长要比线性增长快得多：在第四格中指数性增长的米粒数已是线性增长的两倍（前者为 8，后者仅为 4）；到了第一排末尾的第八格，前者已是后者的 16 倍！这之后，很快就是天文数字了。

当然，上述例子中，我们隐藏了一些参数的值：每个棋格增加的米粒数可以设定为 1000 粒，而非一粒，这样线性增长就加快了。这一参数（增加的米粒数）界定了棋格号数与所在棋格米粒数之间的比例常数，给了我们两者之间线性关系的斜率。在指数性增长中也存在这样的参数：每一棋格我们的米粒数都增长 2 倍，但它也可以是 3 倍，或 1.5 倍。

指数性增长令人吃惊的一点是，*无论这些参数的值如何变化，它总会于某一时点超越任何线性增长*，并且在此之后令线性增长望尘莫及，不管线性增长的速度有多快。我们最终的兴趣不是棋盘上的米粒，而是时间上不确定性的动力学；不仅是种群的增长，而且是预报未来种群规模时不确定性的增长。在预报语境中，未来总会有某个时点，当前极小的、呈指数性增长的不确定性于此时超越当前大得多的、呈线性增长的不确定性。如果将指数性增长与时间的平方、立方，或任一次幂成比例的增长相比较，同样的事情也会发生（用符号来表示就是：稳步的指数性增长最终会超越与 $t^2$、$t^3$ 或 n 为任意值的 $t^n$ 成比例的增长）。基于这个原因和许多其他原因，指数性增长在数学上相当特殊，提供了界定混沌的一个基准。它也导致了人们普遍然而却是根本性错误的印象，认为混沌系统不管怎么样都不可预料。本·达希尔的棋盘表明，指数性增长快过线性增长这一事实有着深层意义。为了将它置于预报语境中，我们向前跃进数百年，向西北移动数千英里 [1]，从波斯来到意大利。

13 世纪初，比萨的列奥纳多（Leonardo of Pisa）提出了一个关于种群动力学的问题：将一对新生的兔子放养在草木丰茂、筑有围墙的大花园中，如果每对成年的兔子每月交配繁殖出一对，新生的兔子两月后即成年，那么一年后会有多少对兔子呢？第一个月我们有一对新生兔子；到了第二个月，这对兔子成年，第三个月即生下一对小兔子。于是，第三个月，我们有了一对成年的兔子和一对新生的兔子。第四个月，最早的那对又生了一对，再加上两对成年的兔子，共有三对。第五个月，共有两对新生兔子（成年的兔子各生一对），再加上三对成年的，总数为五对。其余以此类推。

这一"种群动力学"是如何呈现的呢？第一个月有一对尚未成年的兔子，第二个月兔子成年，第三个月有一对

---

1 原文"数百英里"疑为作者之误。

成年兔子和一对新的未成年兔子，第四个月有两对成年兔子和一对未成年兔子，第五个月三对成年兔子和两对未成年兔子。

把每月的兔子对数加在一起，为 1，1，2，3，5，8，13，21……列奥纳多指出，序列中下一个数总是前两个数之和（1 + 1 = 2，2 + 1 = 3，3 + 2 = 5……）。这一结果是有道理的，因为前一个数是上月拥有的兔子对数（在模型中，不论数量多少，所有的兔子都能存活），而再前一个数则是成年的兔子对数（意即本月新生的兔子对数）。

要是再写"第六个月，共有 12 对兔子"，那就有点冗长乏味了，于是科学家常用简化记号 X 来表示兔子的对数，$X_6$ 于是指代第六个月的兔子对数。由于序列 1，1，2，3，5，8……反映兔子种群随着时间推移的演化，这一序列和其他类似的序列称为*时间序列*。"兔子映射"的规则如下：

将 X 的前值与其现值相加，所得之和为 X 的新值。

序列中的数字 1，1，2，3，5，8，13，21，34……称为斐波那契数（"斐波那契"是比萨的列奥纳多的绰号）；在自然界中它们一再出现，例如向日葵、松果、菠萝等的结构。斐波那契数之所以引发人们的兴趣，是因为它们差不多表示了随着时间变化的指数性增长。图 6 中的 + 为斐波那契数点，也就是作为时间函数的兔子种群数量；实线反映 2 的 $\lambda t$ 次方，即 $2^{\lambda t}$，其中 t 代表第几个月，$\lambda$ 则为第一个指数。上标中指数与时间相乘是量化一致指数性增长的有用方法。在此例中，$\lambda$ 等于黄金分割的（以 2 为底的）对数。黄金分割这个特别的数字在牛津大学出版社《数学简论》一书中有专门论述。

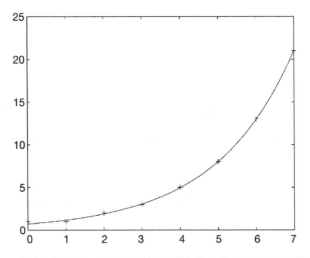

图 6. 表示每月成对兔子数量（斐波那契数）的"+"号序列；序列附近的光滑曲线是相关的指数性增长

图 6 中首先要关注的是，斐波那契数点位于曲线附近。指数曲线在数学上有特殊意义，因为它反映了一个函数，在此函数中，增长与其现值成比例：现值越大，增长越快。由此，用类似函数来描述列奥纳多兔子种群的动力学就不足为奇了，因为下月兔子数量或多或少与本月兔子数量是成比例的。其次，从图中应当看到，数点并不位于曲线上。曲线是斐波那契"兔子映射"的一个优质*模型*，但它不是完美的：每月月末兔子的数量总是整数，而曲线尽管接近正确的整数，却并不精确相等。随着一个又一个月过去，种群数量增加，曲线越来越接近对应的每个斐波那契数，却永远无法真正到达。这一越来越接近却永远无法真正抵达的概念会在本书中反复出现。

那么，列奥纳多的兔子如何帮助我们理解预报不确定性的增长呢？像所有观测结果一样，在花园里数兔子可能会出现错误。正如第一章所见，观测的不确定性被认为是由噪声引起的。设想一下，第一个月时，列奥纳多漏数了当时也在花园里的一对成年兔子；因此，花园里兔子实际的对数应该是 2，3，5，8，13……原先预报（1，1，2，3，5，8……）的误差将会是真值和这一预报之间的差别，即

1，2，3，5……（仍旧是个斐波那契序列）。到了第12个月，这个误差会是非常扎眼的146对兔子！初始兔子数量的一个小误差导致了预报中一个非常大的误差。事实上，这个误差随着时间呈指数性增长。这因此产生了一系列的问题。

思考一下指数性的误差增长对预报不确定性的影响。让我们再次比较线性增长与指数性增长。假设可以以一定的代价降低生成预报的初始观测结果的不确定性。如果误差增长是线性的，降低初始不确定性为原来的十分之一，则在不确定性超过同样的阈值前，系统的预报时长为原来的十倍。如果降低初始不确定性为原来的千分之一，则在预报质量不变的情况下，时长为原来的一千倍。这是线性模型的一个优势，或者更准确地说，这是仅对线性系统进行研究的一个很表面化的优势。相比之下，若模型是非线性的，不确定性以指数性增长，那么降低初始不确定性为原来的十分之一，预报时长在同等准确度下可能只是原来的两倍。在此例中，*假设不确定性的指数性增长在时间上是一致的*，则降低不确定性为原来的千分之一，同等准确度下预报时长范围也只能是原来的八倍。降低测量中的不确定性很少是免费的（例如，我们须得另雇他人来再次点算兔子），而大幅降低不确定性可能代价高昂，因而不确定性呈指数性快速增长时，成本直线飙升。依靠降低初始条件中的不确定性来达成预报目标可能要花费巨资。

幸运的是，还有另外一种方法可令我们接受任何观测结果都有可能受到噪声污染的简单事实。以兔子和米粒的例子来说，似乎必然有一个真相，一个代表正确答案的整数。如果把这一初始条件中的不确定性降为零，预测就不会出错。但是我们真的能确定相信初始条件吗？是否还有一只兔子躲藏在噪声中呢？尽管我们最有把握的猜想是一对兔子，结果却可能有两对、三对，甚至更多（也可能一对都没有）。当我们不能确定相信初始条件时，可以通过预报集合来考察以模型作出的预报的多样性：每一可能的初始条件即产生出一种预报结果。某一集合成员初始时设置 X = 1，另一集合成员初始时则设置 X = 2，以此类推。在计算更多的集合成员和更准确地观测花园中现有的兔子数量之间，我们怎样来分配有限的资源呢？

以"兔子映射"为例，不同集合成员所作预报之间的差别会呈指数性快速增长，但是通过预报集合，我们能够看到集合成员之间的差别究竟有多大，并把它作为任一时间兔子数量不确定性的一个衡量标准。此外，如果我们几个月后再次仔细地统计兔子数量，就可以差不多排除掉一些集合成员。任一集合成员都始于对花园中原初兔子数量的某种估计，所以排除某一集合成员实际上给了我们有关原初兔子数量的更多信息。当然，只有在我们的模型确实完美时（也就是说，在此例中，"兔子映射"分毫不差地反映了兔子的繁殖行为和寿命），才有必要证明这一信息准确无误。但如果模型是完美的，我们就可利用未来观测结果来推知过去；这一过程称为*减噪*。如果模型并非完美，则得出的结果可能缺乏连贯性。

可假如我们测量的事物不是整数，而是像温度，或行星的位置呢？存在缺陷的天气模型中的温度又是否完全等同于真实世界中的温度呢？正是这些疑问最初激发了哲学家对混沌的兴趣。我们首先应当考虑的，是一个更迫切的问题：在自 1202 年以来的 9000 个月里，兔子为什么没能占领全世界呢？

## 拉伸、折叠与不确定性的增长

对混沌的研究使人们更加确信这样一条气象箴言：没有对预报不确定性的有效估计，任何预报都是不完整的。如果初始条件不确定，那么我们不仅会对预测本身，而且还会对获知可能的预报误差产生兴趣。任一真实系统的预报误差不应无限扩大；即使开始时是像一粒米或一只兔子这样的小误差，预报误差也不会增长到任意大（除非我们有一位非常幼稚的预报员），而是和种群数量一样，在靠近某一限定值处达到饱和。数学家（除了出于幼稚）总有办法避免大到荒诞不经的预报误差，就是把初始不确定性降到*无穷小*，比能想到的任何数字都要小，但仍然大于 0。如此一来，不确定性即使呈指数性快速增长，也会永久保持无穷小的状态。

### 指数性增长：来自内格尔小姐三年级班的例子

数月前，我收到了一个当年的小学同学发来的一封电子邮件。信里还有另一封邮件，发信人是北卡罗来纳州的一个小学三年级学生。这个学生的班级正在学习地理，因此信中要求每个读到邮件的人给学校回信，说明他们的居住地。班里的学生会据此在学校的地球仪上找到这个地方。信中还要求每个读到邮件的人将此信转发给十个朋友。

我没有给任何人转发邮件，而是给内格尔小姐的班级回了信，信里说明我住在英国牛津。我还建议他们把这个实验告诉数学老师，用它来作为指数性增长的例子：如果把信发送给十个人，第二天这十个人又每人发送给十个人，那么第三天就会是 100 人，第四天会是 1000 人，一个礼拜左右，收到的邮件就会有重复了。在一个真实的系统中，指数性增长不会永远持续下去，最终，不论米粒、花园空间还是电子邮件地址都有耗光的时候。通常限制增长的都是资源，即使丰茂的花园也只够养活有限数量的兔子。增长的极限即便不会限制种群的模型，也会限制种群的数量。

我没能有机会得知内格尔小姐的班级是否学到了有关指数性增长的一课。我收到的唯一答复是一封自动回复的邮件，上面说学校邮箱超过接收能力，已经关闭了。

物理因素在现实中会限制增长，比如花园中兔子的食物来源总量、电子邮件系统的磁盘存储空间等。即便我们无法确知其产生的原因，限制还是凭直觉可察的：我想我把钥匙掉在停车场了；当然它可能在几英里外，但却几乎不可能在比月球还远的地方。我不需要弄懂或相信万有引力定律就知道这一点。同样，天气预报极少可能报错 100 多度，就算是提前一年的预报！即便存在不足的模型通常也能限制其预报误差不出格。

每当模型进入一个想象中的状态时（暗示以前从未曾有数据取到过那些值），总会作出某种让步，除非模型本身的一部分已经失效。常常出现的情况是，当不确定性变得太大时，它开始向自身对折。设想一下揉面团或是太妃糖制作机连续不断地拉伸和折叠糖浆的过程。一条想象中的糖丝连接相邻很近的两粒糖。在机器的作用下，两粒糖分开，它们之间的糖丝越拉越长，但在超出机器本身之前，糖丝又向自身对折，形成乱糟糟的一团。即便连接两粒糖的糖丝不断拉长，两者之间的距离却不会再增加，糖丝最终变成缠绕越来越紧密的一团。太妃糖制作机给了我们一个形象的例子，来描绘在一个完美的模型中预测误差增长的极限。在此例中，误差是真值状态和我们对真值状态的最优猜想之间的*距离*。任何误差的指数性增长都仅对应糖丝的快速初始增长。但如果预报无法向无限接近（糖丝不能超出机器，花园里仅够养有限数量的兔子，凡此种种），那么连接真值和预报之间的线最终将自行折回。没有其他地方可以令其无限制地增长。从许多方面来说，将一粒糖在太妃糖制作机里的运动比作混沌系统的状态在三维空间的演化，这对将混沌运动直观化很有帮助。

预测趋向无限的事物是非常困难的，这一点并不令人吃惊，因此我们要求混沌有一种可控性，但又不想太严格限制其条件，比如规定预报不可逾越某个限定值，不论这个值有多大。作为一种妥协，我们要求系统在未来某个时点回到现行状态的邻近区域，并且一再重复。只要它愿意返回，多久都不是问题；我们可以将返回定义为比此前所见的任何一次都更接近现行状态。如果这样的情形发生了，那么轨道就可以说是*常返的*。太妃糖在此又可以用作一个类比：如果运动是混沌性的，而我们等待了足够长的时间，两粒糖总会再次靠拢；只要机器仍在运转，它们就会靠近实验开始时自身所在的位置。

第三章

# 语境中的混沌：决定论性、随机性与噪声

线性系统都是相似的，非线性系统各有各的非线性。

——对托尔斯泰（Tolstoy）

《安娜·卡列尼娜》的戏仿

## 动力系统

混沌是动力系统的一个属性，而动力系统不过是变化的观测结果的来源：斐波那契想象中养着兔子的花园，伦敦希思罗机场的温度计反映的地球大气，通过观察 IBM 股价得出的经济态势，模拟月球轨道并打印出未来每次日食发生时间和地点的计算机程序，凡此种种。

动力系统至少有三种不同类型。混沌在数学动力系统中最容易定义。这些系统皆遵循一条规则：将一个数字放入系统中，则得出一个新的数字；将新得出的数字放入，又得出一个更新的数字；再将这个数字放入，如此往复。这一过程称为**迭代**。斐波那契想象中的花园里每月的兔子数量就是这类系统时间序列的一个绝佳例子。第二类动力系统见于物理学家、生物学家、股票交易员等的实证世界。在这里，我们的观测序列由现实中受到噪声干扰的测量数据组成；它们与没有噪声的"兔子映射"数字截然不同。在这些物理动力系统（比如地球的大气、斯堪的纳维亚半岛的田鼠种群）中数字表示状态，而"兔子映射"中的数字则本身就是状态。为了避免无谓的混淆，有必要区分第三种情况：数字计算机执行的由数学动力系统规定的算术演算；我们把这称为**计算机模拟**，产生电视天气预报的计算机程序就是常见一例。重要的是得记住这些系统分属不同的类型，每一类型都迥然相异：最优天气方程有别于基于这些方程的最优计算机模型；两者又皆有别于真实的地球大气本身。容易让人搞混的是，由这三类系统中的任一类产生的数字都称为时间序列，我们必须时刻将这三类时间序列的区别谨记在心：凭空设想的兔子、机场的真实温度（如果确有真实温度的话）、表示该温度的测量数据，以及该温度的计算机模拟。

　　这些区别的重要程度取决于我们的目标。就像拉·图尔的牌手一样，科学家、数学家、统计学家和哲学家各有不同的天赋和目标。物理学家可能致力于以数学模型来描述观测结果，或许通过用它预测未来观测结果来验证这个模型。他愿意以牺牲数学上的易处理性为代价，换取物理上的相关性。数学家则喜欢证明各种各样系统中事物的真实性，但是他们把证明看得过高，往往不在乎为了求得证明要将范围限制得多窄。任何时候，我们听到一个数学家说"*几乎每个*"，差不多都应该保持警醒。物理学家要小心了，千万别忘记这一点，把数学实用性与物理相关性搞混了。物理直觉不应受到"被充分理解了的"系统的属性的影响——所谓"被充分理解了的"系统是为数学上的易处理性设计的。

　　统计学家感兴趣的是描述有趣的统计数据（这些数据来自真实观测结果的时间序列），并且研究动力系统的属性（这些系统生成看似真实观测结果的时间序列）；他们总是小心翼翼地尽量避免假设。最后，哲学家质疑以下三者之间的关系：我们声称产生了观测结果的基本物理系统、观测结果本身，以及我们为了分析这些观测结果所创造的数学模型或统计手段。打个比方，哲学家感兴趣的是我们能够知道的测量温度与真实温度（如果确有真实温度的话）之间的关系，以及我们知识的局限究竟仅仅在于实际的困境，因而有可能解决，还是在于原则上的难题，因而永远无法克服。

## 数学动力系统与吸引子

我们在时间序列中通常可以发现四种不同类型的行为：（1）逐渐停止，在此过程中或多或少地一再重复同样的固定数字；（2）在一个封闭循环里像跳针的唱片一样四处跳跃，周期性地重复同样的模式（一再反复的一模一样的数字序列）；（3）在一个循环里的移动不止一个周期，因此重复并非一模一样，但却十分接近（正如一天之中的涨潮时分）；（4）永远肆意地四处跳跃，或者甚至可能是平静地，在此过程中没有显见的模式。这第四种类型表面看起来是随机的，然而表象会具有欺骗性。混沌可能看似随机，实则不然。事实上，当我们学会看穿表象的时候，就会发现混沌常常即便看起来也不是全然随机的。以下数页中，我们将会再介绍几个映射，不过这些映射可能不含米粒或者兔子。我们需要这些映射来生成有趣的典型，按图索骥般地搜寻刚刚提到的各种类型的行为。其中有些映射是数学家专为这个目的创造的，尽管物理学家可能有理由争辩说，给定的映射是由物理法则简化而来的。实际上，这些映射相当简单，每一个都可能由几种不同的方式推出。

在利用迭代生成时间序列之前，我们需要某个数字作为起始。这首个数字称为初始条件，是我们定义、发现或设定系统的初始状态。和第二章中一样，我们采用 X 作为系统状态的简化记号。所有可能的状态 X 的集合称为*状态空间*。就斐波那契想象中的兔子而言，这个状态空间是所有整数的集合。设想我们的时间序列来自每年仲夏时每平方英里昆虫的平均数量这一模型。在此例中，X 不过是一个数字，而状态空间作为所有可能状态的集合便是一条线。有时定义状态要用到不止一个数字，此时 X 也就含有不止一个分量。例如，在捕食者-猎物模型中，两者的种群数量都需给出；X 有两个分量，它是一个向量。当

X 是个既包含了每年 1 月 1 日的田鼠（猎物）数量又包含了同日黄鼠狼（捕食者）数量的向量时，状态空间便成了包含所有数字对的二维曲面——实际上是一个平面。如果 X 有三个分量（比方说田鼠、黄鼠狼和年降雪量），那么状态空间便是个包含了所有三元数组的三维空间。当然，没有什么理由让我们止步于三个分量，但随着维数的增多，绘图演示会越来越具有挑战性：现代天气模型就有超过 1000 万个分量。对数学系统来说，X 甚至可以是一个连续的域，比方说海平面的高度或地球表面每一处的温度。然而，物理系统的观测结果再复杂也不过是一个向量；既然我们只会去测量有限多个事物，观测结果便永远只会是有限维的向量。我们先来看一个 X 为简单的数的例子（如 X 为 0.5）。

回想一下，数学映射不过是将一组值转变为另一组值的规则；由此，定义**四倍映射**的规则如下：

将 X 乘以 4 得 X 的新值。

给定初始条件，如 X = 0.5，这一数学动力系统便产生 X 值的时间序列：1/2×4 = 2，2×4 = 8，8×4 = 32……时间序列即为 0.5、2、8、32、128、512、2048……以此类推。从动力学角度来说，序列里的数不过是越变越大而已，没什么吸引人之处。如果 X 的时间序列像这样无限制地增长，则我们称这一序列为无界的。为了得到一个 X 有界的动力系统，我们来看第二个例子，即**四分映射**：

> 将 X 除以 4 得 X 的新值。

以 X = 1/2 为始，得时间序列 1/8、1/32、1/128……乍一看，这个序列也没什么吸引人之处，X 不过是迅速缩减，趋向于 0。然而事实上，"四分映射"经过了精心的设计，旨在说明特殊的数学属性。其原点（X = 0 的状态）是一个*不动点*：若以此为始，则我们永远不会离开这里，因为 0 除以 4 还是 0。该原点还是我们的首个*吸引子*；在"四分映射"中，原点是无法到达却又无可回避的目标。如果以 X 的任意其他值为始，我们永远无法真正到达吸引子，尽管随着迭代次数无限增长，我们可以接近原点。

有多接近呢？任意近。要多近有多近。无穷小地接近，也就是说，比任一选出的数字都要接近。选出一个数字，任一数字，我们可以计算出多少次迭代之后 X 会比那个数更接近于 0。随着时间的推移任意接近于吸引子，却又始终无法到达，这是非线性系统许多时间序列的一个普遍特征。可以拿钟摆来作一个物理上的类比：每一次摆动都比上一次幅度小，我们将这一现象归咎于空气阻力和摩擦。在此例中，吸引子的类比是静止不动、垂直下悬的钟摆。在形形色色的映射中多看过几个动力系统的例子之后，我们还会再来讨论吸引子。

**完全逻辑斯谛映射**中，几乎每个 X 所得出的时间序列都在 0 和 1 之间永远不规则地四处跳跃：

X 减去 $X^2$，再乘以 4，得出 X 的新值。

若我们将状态变量的分量乘以其他分量，则结果会是非线性的。仍以 X = 0.5 开始的话，时间序列会是什么样子呢？以 X = 1/2 为始，X 减去 $X^2$ 得 1/4，再乘以 4 得 1，因此新值为 1。继续该序列，X 现在为 1，X 减去 $X^2$

得 0。但是 0 乘以 4 仍为 0，因此我们将会一直得到 0。时间序列为 0.5、1、0、0、0……序列没有因无限增长而失控，可也称不上激动人心；我们可以再回想一下前面有关"几乎每个"的警告。

在时间序列中，不论其反映的是斐波那契每月的兔子数量还是"完全逻辑斯谛映射"的迭代，数字的顺序都很重要。利用第二章中的简化记号，我们把 X 的第五个新值记为 $X_5$，把初态（或初始观测结果）记为 $X_0$，并于一般而言把 X 的第 i 次值记为 $X_i$。不论迭代映射还是记录观测，i 都将是一个整数，常称为"时间"。

在"完全逻辑斯谛映射"中，当 $X_0$ 等于 0.5 时，$X_1$ 等于 1，$X_2$ 等于 0，$X_3$ 等于 0，$X_4$ 等于 0，对于所有大于 4 的 i，$X_i$ 亦等于 0。原点仍是不动点。但是按照"完全逻辑斯谛映射"的规则，小数值的 X 是增长的（可用计算器来验证），X = 0 是不稳定的，因此原点不是吸引子。从原点附近开始的时间序列实际上不太可能遵循本节开头提到的前三种行为类型之一，而是会永远混沌地四处跳跃。

图 7 展示的是一个从 $X_0$ = 0.876 附近开始的时间序列。

它代表了"完全逻辑斯谛映射"的一个混沌时间序列。但是仔细看看这个序列：它真的是完全不可预测的吗？看起来，小的 X 值后面跟随着小的 X 值，且该序列在接近 0.75 时有徘徊逗留的倾向。物理学家在研究过这个序列之后，会认为它至少有时候是可预测的，而统计学家经过一番计算，却有可能宣称它是随机的。我们的眼睛能够看到这种结构，但最常见的统计测试却无法看到。

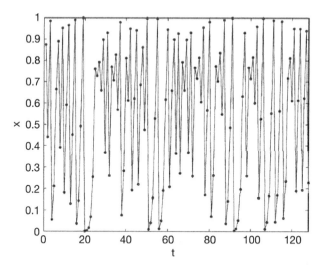

图 7. "完全逻辑斯谛映射"中从 $X_0$ = 0.876 附近开始的混沌时间序列。注意，每当 X 接近 0 和 0.75 时该序列明显是可预料的

## 形形色色的映射

定义映射的规则可以通过文字、方程或图形来表述。图 8 的每一例均是通过图形定义规则的。图形的用法如下：在横轴上找到 X 的现值，然后直接上移，直到与曲线相交；曲线上这个点在纵轴上的值即为 X 的新值。"完全逻辑斯谛映射"见图 8（b），"四分映射"见图 8（a）。

要通过图形知道不动点是不是不稳定，一个容易的办法是看不动点处映射的斜率：如果斜率大于 45°[1]（不论向上还是向下），则不动点是不稳定的。"四分映射"中任一处的斜率皆小于 1，而在"完全逻辑斯谛映射"中，靠近原点的斜率大于 1。此处，微小但非 0 的 X 值随着每次迭代增长，但仅是当它们的数值足够小时（数值接近 1/2 处斜率为 0）。如下文所见，对几乎每个位于 0 和 1 之间的初始条件，这个时间序列展示了真正意义上的数学*混沌*。"完全逻辑斯谛映射"相当简单，混沌则相当普遍。

要知道一个数学系统是不是*决定论性的*，只需仔细检验执行规则是否需要一个随机数。如果不需要，则该动力

---

1 实际上斜率应为角度的正切函数，在这里应是 tan(45°)=1。

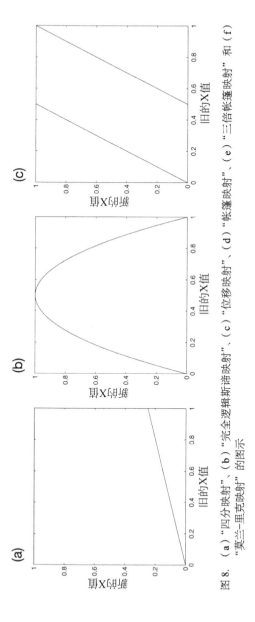

图 8.（a）"四分映射"、（b）"完全逻辑斯谛映射"、（c）"位移映射"、（d）"帐篷映射"、（e）"三倍帐篷映射"和（f）"莫兰－里克映射"的图示

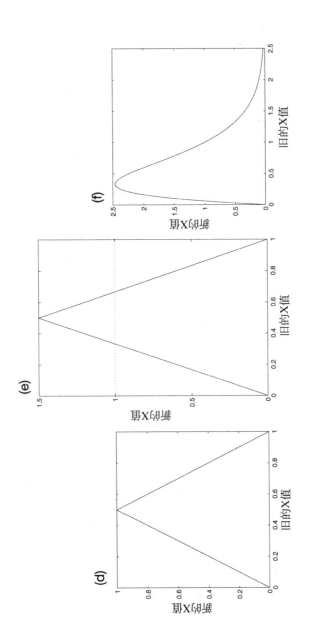

第三章
语境中的混沌：决定论性、随机性与噪声 *161*

系统是决定论性的：每次输入同样数值的 X，都会得出同样新值的 X。如果规则（确实）需要一个随机数，则该系统是随机的（random），亦称 stochastic。在随机系统中，即使我们迭代完全一样的初始条件，下一个 X 值乃至整个时间序列都会不同。回头看看上文三种映射的定义，我们会发现每一种都是决定论性的。它们的未来时间序列完全由初始条件决定，因此称为"决定论性系统"。哲学家会指出，仅仅知道 X 是不够的，还需要知道数学系统，并拥有对数学系统进行精确计算的能力。这是两百年前拉普拉斯的"妖"所具备的三项本领。

我们探讨的第一个随机动力系统是 **AC 映射**：

将 X 除以 4，减去 1/2，再加随机数 R 后得出 X 的新值。

"AC 映射"是随机系统，因为规则的应用要求使用随机数。实际上，上文规则是不完整的，因为并未规定如何求得 R。要将定义补充完整，则应添加如下文字：对每次迭代中的 R 来说，在 0 和 1 之间挑选的数字要求每个数字都有均等机会，意即 R 在 0 到 1 之间服从均匀分布，

并且下一个 R 值落在一段 R 值区间内的概率与该区间的
宽度成比例。

我们挑选 R 时采用什么规则呢？不可能是决定论性
规则，如果那样的话 R 就非随机了。可以说，生成 R 值
不能通过有限的（非随机）规则达到。这与需要 0 到 1 之
间均匀的数字无关。在我们想要生成类似于高尔顿"钟形"
分布的随机数时，也会遇到同样的问题。我们不得不依赖
统计学家以某种方式来获得所需的随机数；在下文中我们
将仅仅说明分布是均匀的还是钟形的。

在"AC 映射"中，每一个 R 值均用于映射内部，但
是有这样一类随机映射（称为"迭代函数系统"，简称
IFS），似乎并非将 R 值用在方程内，而是用它来决定该
做什么。其中一个例子就是"三分 IFS 映射"，这在后文
当我们想通过映射生成的时间序列来理解映射的属性问题
时，会派上大用处。"三分 IFS 映射"规则如下：

自 0 至 1 区间的均匀分布中取一随机数 R。

若 R 小于 0.5，则取 X/3 为 X 的新值，

反之则取 1−X/3 为 X 的新值。

现在我们有了几个数学系统，可以轻而易举地辨认出这些系统哪些是决定论性的，哪些是随机的。那么计算机模拟呢？数字计算机模拟总是决定论性的。正如我们将在第七章看到的，数字计算机产生的时间序列不是在循环中一再无止境地周期性重复取值，就是正走在成为此种循环的路上。时间序列这个没有数值重复循环的第一部分叫作*暂态*，其轨道朝着*周期循环*的方向演化但尚未到达。在数学圈子里，"暂态"这个词像是种侮辱，因为数学家更偏好长久的事物，而不仅仅是暂时的。尽管数学家竭力避免暂态，物理学家却可能永远看不到除了暂态以外的其他任何事物，并且事实证明，数字计算机无法一直保持暂态不变。数字计算机在增进我们对混沌的理解上起到了关键作用，然而具有讽刺意味的是，它们仅靠自身无法展示真正的数学混沌，也不能生成真正的随机数。数字计算机和手动计算器的所谓随机数生成器实际上是伪随机数生成器。这些生成器中最早的一种甚至就是基于"完全逻辑斯谛映射"的！数学混沌和计算机模拟之间的差别就如同随机数和伪随机数一样，是数学系统和计算机模拟之间差别的一个典型例证。

图 8 所示的映射并不是随便列举的例子。数学家构建的系统往往相对简单，以达到说明某一数学观点或者容许应用某一特定操作的目的——"操作"这个词有时会被用来遮掩技术上的花招。真正复杂的映射（包括为航天飞机导航的、称为"气候模型"的，以及更大规模的用在数值天气预测中的）显然并非由数学家而是由物理学家构建。但是映射的工作原理都一样：输入 X 值，得出 X 的新值。其机制与上文定义的简单映射完全相同，即便 X 可能有超过 1000 万个分量。

## 参数和模型结构

定义上文映射的每一条规则除了状态变量以外都包含了数字（比如 4 和 0.5）；这些数字称为**参数**。X 随着时间而变化，参数却是固定不变的。利用不同的参数值生成时间序列，再来比较这些序列的属性，这有时是很有用处的。因此我们不再用一个特定参数值（比如 4）来定义映射，而是通常用一个代表参数的符号（比如 α）。然后我们就可以比较这些映射的行为，例如 α = 4 和 α = 2 时，抑或

α = 3.569945 时。希腊字母常用来清楚地区分参数和状态变量。以参数重写"完全逻辑斯谛映射"就得到了最著名的非线性动力系统之一，**逻辑斯谛映射**：

X 减去 X$^2$，再乘以 α，便得出 X 的新值。

在物理模型中，参数代表的事物包括开水沸腾的温度、地球的质量、光速，甚或冰在高层大气"坠落"的速度，等等。统计学家常对参数和状态的区别不屑一顾，物理学家则往往特别重视参数。事实证明，应用数学家常常迫使参数趋于无穷大或无穷小；比方说，假设机翼无限长，那么研究气流运动就要容易得多。我们必须再次强调，这些不同的观点在各自的语境中都是成立的。我们是要求一个近似的问题有一个确切的答案，还是一个特定的问题有一个近似的答案？在非线性系统中，两者的结果可能大相径庭。

## 吸引子

回忆一下"四分映射"，并且注意：一次迭代之后，0

到 1 之间的任一点都会映射在 0 到 0.25 之间。因为所有 0 到 0.25 之间的点也都在 0 到 1 之间，所以这些点没有一个能够逃脱至数值大于 1 或小于 0。一般来说线段（或更高维数的面积、体积）缩减的动力系统被称作**耗散的**。每当耗散映射将一定体积的状态空间完全映入其自身时，我们立刻就会在尚不知吸引子什么样子的情况下知道它的存在。

　　每当 α 小于 4 时，通过观察 0 到 1 之间所有点的变化，我们就可证明"逻辑斯谛映射"有一个吸引子。我们所能得出的 X 的最大新值是 X = 0.5 时的迭代结果。（在图 8 中能找到吗？）这一最大值是 α/4，且只要 α 小于 4，它便小于 1。这意味着 0 到 1 之间每个点经过迭代都会落在 0 到 α/4 之间，并且永远受限于此范围。因此该系统必定有一个吸引子。对小数值的 α 来说，X = 0 这个点便是吸引子，正如在"四分映射"中一样。但若 α 大于 1，则接近于 0 的任何 X 值都会被映射到更远处，吸引子由此便在其他地方。这是个非构造性证据的例子：我们可以证明吸引子存在，但令人沮丧的是，这一证据不能告诉我们如何找到它，也不会透露其属性的任何信息！

四个取了不同 α 值的"逻辑斯谛映射"时间序列如图 9 所示。在每一小图中，首先随机选取 0 到 1 之间的 512 个点。接着我们把所有点的集合在时间中一步步地整体前移。第一步，我们看到所有的点仍旧大于 0，但同时头也不回地远离 X = 1：由是我们有一个吸引子。在（a）图中，所有的点坍缩成一个周期 –1 的循环[1]；在（b）图中，坍缩成周期–2 的循环的两点之一；在（c）图中，坍缩成周期–4 的循环的四点之一。在（d）图中，可以看到所有的点都在坍缩，但是不清楚周期是多少。为了让动力学更清晰可见，我们集合中的一个成员在图形中段被随机挑选出来，其轨道上的各点自该点起由一条实线连接画出。周期–1 的循环（a）显示为一条直线，而（b）和（c）的轨道则分别显示为在两或四个点之间交替轮回。尽管（d）初看上去也像是周期–4 的循环，但仔细观察之后就会发现，其中远不止四个选项；尽管造访带状各点的顺序有其规律性，却未见有简单的周期性。

要获得同一现象的不同图景，可以同时考察许多不同的初始条件和不同的 α 值，如图 13 所示（第 91 页）。在

---

1　实际上就是一个不动点。

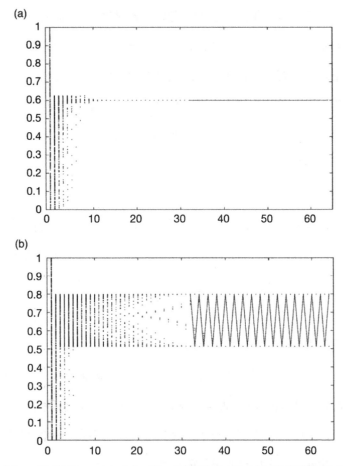

图 9.  每帧显示 512 个初态在 0 到 1 之间随机分布的点于"逻辑斯谛映射"
      下的演化。每一小图展示的是四个不同的 α 值之一,分别坍缩成
      (a) 一个不动点、(b) 一个周期–2 的循环、(c) 一个周期–4 的循环
      和 (d) 混沌。从时间 32 处开始的实线展示的是一点的轨道,这是
      为了让每个吸引子的路径清晰可见

(c)

(d)

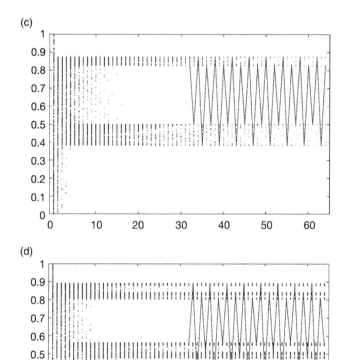

这张三维图中，可以看到初态随机分散在方盒左后部。它们随着每一次迭代向你移动，各点坍缩成前两幅图的模式。随机的初态经过 0、2、8、32、128、512 次迭代后于图中显示；暂态经过一段时间后才会消退，但随着状态抵达方盒前部，熟悉的模式已经出现了。

## 调节模型参数和结构稳定性

我们现在可以看到，动力系统有三个元素：定义如何求得下一个值的数学规则、参数值，以及现行状态。当然，我们可以改变这三项中的任一项，看看会发生什么，但是有必要区分我们作出的是哪种类型的改变。同样，我们可能洞悉这三者其中之一的不确定性；避免把其中一个元素的不确定性错误地归咎于另一个，这样做符合我们自身的利益。

物理学家可能在寻找"真实"模型，或者只是有用的模型。在实践中，"调节"参数值可称为一门艺术。而且尽管非线性要求我们重新考虑如何找到"优质参数值"，混沌会迫使我们再次评估"优质"的标准。参数值的一个极小差别对于短期预报质量的影响也许微不可察，但却可能让吸引子的形状变得面目全非。发生这种情形的系统被称为*结构不稳定的*。正如洛伦茨在 20 世纪 60 年代所指出的，天气预报员或许不必为此担心，但气候建模者必须考虑这一问题。

因为无法区别到底是现行状态、参数值还是模型结构自身的不确定性，这引发了极大的混乱。从严格意义上来讲，混沌是具有固定方程（结构）和特定参数值的动力系统的一个属性，因此它能够影响的不确定性只有初态的不确定性。在实践中，这些区别的界限常常变得模糊，情况更加有趣，也让人更感困扰。

## 太阳黑子的统计模型

混沌仅见于决定论性系统，但为了了解其对科学的影响，我们需要在上个世纪发展起来的传统随机模型的背景下来看待它。每当我们看到自然界中重复性的事物，周期运动便会是最早提出的假设之一。诸如哈雷彗星、伍尔夫太阳黑子数之类的会让你一夜成名。即使最终我们意识到这些现象并非是真正周期性的，名字也往往保留了下来。这其中，伍尔夫（Wolf）根据当时手头只有不到 20 年的数据作出猜想，认为太阳的活动周期为 11 年。事实上，不论掌握了多少数据，要证明一个物理系统的周期性都是不可能完成的任务；可尽管如此，周期性依旧是一个有用的概念。同样的道理也适用于决定论性和混沌的概念。

太阳活动记录显示了和天气、经济活动以及人类行为的关联。即使是在一百年前，也可以从树木年轮中"看到"太阳的 11 年周期。如何建立太阳黑子周期的模型呢？无摩擦钟摆的模型是完美的周期性模型，太阳周期则不是。20 世纪 20 年代，苏格兰统计学家乌德尼·尤尔（Udny Yule）发现了一种新的模型结构：他想到办法将随机性引入模型，并获取看起来更现实的时间序列行为。他把观察到的太阳黑子时间序列比作（受到摩擦、有约 11 年自由周期的）受阻钟摆模型的时间序列。如果钟摆模型"不受打扰地留在一个安静的房间里"，其产生的时间序列会逐渐缓慢减幅直至消失。为了引入随机数以使数学模型维系下去，尤尔把这个类比延伸到了物理钟摆："不幸的是，拿着玩具射豆枪的男孩子们闯进了房间，任意地从四面八方向钟摆射击。"由此产生的模型成为统计学家弹药库里的常备武器：一件线性、随机的常备武器。我们将**尤**

**尔映射**定义如下：

将 α 乘以 X，再加上服从标准钟形分布的随机数 R，得
X 的新值。

这一随机模型和混沌模型有何区别呢？对于数学家
来说，明显的不同有两处：首先，尤尔模型是随机的——
根据规则，模型必须要有一个随机数生成器；而太阳黑子
的混沌模型按照定义则是决定论性的。其次，尤尔模型是
线性的；这不仅仅简单地意味着我们在定义映射时并非将
状态分量相乘，而且意味着我们可以把系统的多个解结合
起来，获得其他可取的解；这样的属性叫作（线性）*叠加
性*。这个极为有用的属性在非线性系统中是见不到的。

尤尔发展出了一个模型，它与"尤尔映射"类似，行
为更像真实太阳黑子的时间序列。在尤尔的改进模型中，
由于受到随机因素的影响（射豆枪具体情况的不同），一
个周期和下一个之间有着些微的差别。在混沌模型中，一
个周期中的太阳状态不同于下一个周期。那么*可料性*呢？
*假若两者都受到来自射豆枪相同的作用，在任一混沌模型*

中，几乎所有相近的初态最终都会发散，而在每个尤尔模型中，即使远离的初态也会收敛。这是一个相当有意思而且是本质上的差别：相似的状态在决定论性动力系统下发散，而在线性随机动力系统下收敛。这并不是说尤尔模型就一定更容易预测，因为我们永远不会知道未来随机作用的具体情况，但它改变了系统中不确定性的演化方式（如图 10 所示）。图 10 中，底部初始很小，甚或为 0 的不确定性随着每一次迭代逐渐变宽并向左移动。注意，状态的不确定性似乎向着钟形分布靠拢，并且在抵达图形上部前或多或少地已经稳定下来。一旦不确定性在静态中达到饱和，所有的可料性都将会失去；这一最终分布称为模型的"气候"。

## 物理动力系统

任何想要证明"决定论性"与"非决定论性"立场正确的努力都是徒劳的。只有当科学是完备的或显而易见的不可能时，我们才可能判定这类问题。

——E. 马赫（E. Mach，1905 年）

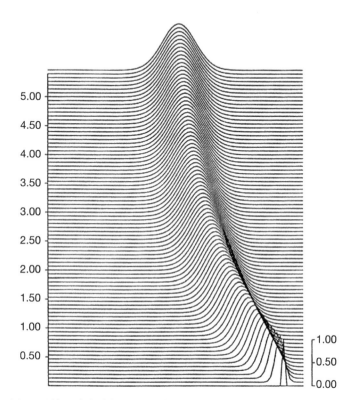

图 10. 随机"尤尔映射"下不确定性的演化。不确定性开始时为图形底部
的一点，之后随着时间向前推移（图中为向上）而朝左边扩散开来，
并趋向一个恒定的钟形分布

　　这个世界并非只有数学模型。在真实世界中，任何我
们想要测量——甚至仅仅考虑观察——的事物，都可以说
是来自物理动力系统。它可以是太阳系行星的位置、振动
桌面上一杯咖啡的表面、湖里的鱼类种群、庄园里的松鸡

数量，或是一枚抛掷的硬币。

我们现在想要观测的时间序列是物理系统的状态，比方说，九大行星 [1] 相对于太阳的位置，鱼群或松鸡的数量。作为简化记号，我们再次用 X 来表示系统状态，同时也别忘了，模型状态和"真实"状态（如果确有"真实"状态的话）之间有着本质的差别。现在还不清楚这些概念彼此之间的关系；正如我们将在第十一章中所见，一些哲学家认为混沌的发现意味着真实世界必定具有特殊的数学属性。另一些哲学家（有时或许是同一批人）则论辩说，混沌的发现意味着这个世界无法用数学描述。哲学家就是如此自相矛盾。

无论如何，我们永远无法获得物理系统的"真实"状态，即便它实际存在。我们能够获得的是观测结果，用 S 来表示，以区分系统状态 X。X 和 S 之间的差别在哪里呢？就在科学的无名英雄：*噪声*。当实验者和理论家相遇时，噪声是联结两者的黏合剂。同时，噪声还是促使理论在凹凸不平的事实表面上平顺滑行的润滑剂。

---

1  冥王星 2006 年已被国际天文联合会重新划分为矮行星，因此太阳系现有八大行星。

在一个皆大欢喜的情境中，我们了解生成观测结果的数学模型，也知道有那么一个不论什么事物生成了不论什么噪声的**噪声模型**，那么我们所处的就是**完美模型情景**（Perfect Model Scenario，简称 PMS）。区分一个强 PMS 版本（确切知道参数值）和一个弱 PMS 版本（只知道数学形式，必须根据观测结果估计参数值）是很有用处的。在以上二者任一的 PMS 版本中，噪声由 X 和 S 之间的距离来界定；把噪声当作状态不确定性的根源也是有道理的，因为即便不知道参数值是多少，但我们确知"真实"状态的存在。倘若脱离了 PMS，则以上图景剩下的也就没多少了。即使在 PMS 内部，一旦承认世界并非线性，噪声也将获得全新的显著地位。

决定论性、随机性，甚或周期性的概念又如何呢？这些概念指的是我们模型的属性；我们只有通过（今天的）最优模型才能把它们运用到真实世界中。真有随机物理动力系统的存在吗？尽管我们日常总把抛掷硬币和骰子当作"随机性"的来源，经典物理学一般的回答都是：没有，根本不存在随机性。在一整套定律下，我们想要计算抛硬币、掷骰子或轮盘赌的结果或许（又或许并不）太过困难，但这个问题只存在于实践中，而非理论上："拉普拉斯妖"作出这样的预测不费吹灰之力。然而，量子力学与此不同。在传统量子力学理论中，铀原子的半衰期与其质量的量值一样自然、真实。经典的掷硬币或轮盘赌不是最优随机模型，然而这一事实无关紧要，因为量子力学认领了随机性和客观概率。要证明或否定客观概率的存在，必须从物理系统模型的角度来阐释这些系统。从来都是如此。未来的某个理论可能会推翻对随机性的认可，转向支持决定论性，但是我们才刚进入这个领域，时间之短几可忽略不计。可以相对有把握地说，在读者读到这本书的时候，一些最优现实模型仍然会包含随机因素。

## 观测结果和噪声

过去数十年间，一大堆科学论文写的都是如何利用时间序列来区分决定论性系统和随机系统。这一雪崩式现象首先出现在物理学文献中，随后扩及地球物理学、经济学、医学、社会学及其他诸多领域。这些论文中的大多数受到了荷兰数学家弗洛里斯·塔肯斯（Floris Takens）在 1983 年证明的一条美丽的定理的启发，这一点我们第八章再回过头来讨论。既然我们已经有了一条简单规则来判定一个数学系统是决定论性的还是随机的，那么撰写这么多论文的意义何在呢？为什么不干脆检验一下系统规则，看看它是否要求一个随机数生成器？把数学家玩的游戏和加诸自然（及其他）科学家研究的束缚给搞混了是很常见的。

真正的数学家喜欢智力游戏，喜欢假装忘记规则，仅仅根据系统状态的时间序列来猜想系统是决定论性的还是随机的。他们能够根据从无限遥远过去到无限遥远未来的时间序列来清楚辨别任何决定论性系统吗？对于不动点，甚至周期循环来说，这个游戏欠缺挑战性；为了增加游戏的趣味性，设想一个我们并不知道精确状态的变化过程，对每一状态 X，只能获得有噪声的观测结果 S。S 通常（多少有些误导地）被认为是与在每一真 X 上添加一个随机数有关。如果是这种情况，这一观测噪声并不影响系统的未来状态，只影响每一状态的观测结果。这与随机数 R 在随机系统中扮演的角色大不相同，就像在尤尔映射中 R 值确实影响了未来，因为它改变了下一个 X 值。为了保持这一区分的界限，确实对 X 产生影响的随机影响称为*动态噪声*。

如上所述，数学家可以在完美模型情景（PMS）的界限之内工作。他们开始时就知道生成时间序列的模型有某种结构，并且有时想当然地认为他们知道这一结构（弱PMS），或者甚至是参数值（强 PMS）。他们生成 X 的一个时间序列，并由此得出 S 的一个时间序列。然后他们假装忘记了 X 值，看看是否能够求解出这些值，或是假装忘记了数学系统，看看在只知道 S 的情况下，是否能够识别系统及参数值，或判定系统是否混沌，或预报下一个 X 值。

到了这一步，应该能够轻而易举地看出他们的游戏究竟有何目的：数学家在试图模拟自然科学家永远无法逃脱的情境。物理学家、地球科学家、经济学家和其他科学家不知道与科学研究中的物理系统相关的规则，即完全的自然法则。而且科学观测也无法做到尽善尽美；由于观测噪声，它们可能始终具有不确定性。但这并不是故事的终结。混淆真实的观测结果与这些数学游戏产生的结果将会是个不可饶恕的错误。

自然科学家被迫参与另一种游戏。在试图解答同样问题的时候，自然科学家手边拥有的仅仅是观测结果 S 的时间序列、一些关于观测噪声统计资料的信息，以及对于某种数学映射存在的希望。物理学家永远无法确定这样的结构是否存在；他们甚至不能肯定模型的状态变量 X 是否真的具有物理意义。如果 X 是真实花园里的兔子数量，难以想象 X 并不存在，它只不过是某个整数。但如果状态变量是风速或温度呢？是否有真实的数字与状态向量的这些分量相对应呢？如果没有，在兔子和风速之间，其对应性是何时失效的呢？

哲学家对此类问题非常感兴趣，而我们所有人也都理应如此。与菲茨罗伊一同建立世界首个天气预警系统的法国人勒威耶因为发现了两颗行星而身后留名[1]。基于天王星轨道在观测时间序列内的"不规则行为"，他利用牛顿定律来预测海王星的位置，并且正如他所料，观测到了这颗行星。他还用同样的方法分析了水星轨道的"不规则行为"，并再一次告诉观测者哪里可以找到另一颗新的行星。他们确实找到了：新行星祝融星，因为距离太阳非常近，所以不容易被发现，但对它的观测持续了数十年之久。当然现在我们知道了其实并没有什么祝融星；勒威耶受到了牛顿定律对水星轨道不准确描述的误导（不过爱因

---

1 见第 10 页注释 1。

斯坦定律的描述还是相当准确的）。我们频繁地把模型和数据之间的不匹配归咎于噪声，而根本的原因事实上却是模型的不足。不论科学家有没有意识到，最有意思的科学研究都是在边缘进行的。我们永远无法确定今天已知的法则在此是否适用。现代气候科学便是一个极好的例子，其艰苦探索都是在我们理解范围的边缘进行的。

对混沌的研究澄清了区分两个不同问题的重要性：一是状态或参数的不确定性的影响，二是数学自身的不足。在 PMS 界限之内工作的数学家可以假装自己并未受到界限的限制，从而取得进展；而假装——或者相信——自己正在 PMS 界限之内工作但事实并非如此的科学家却会引发毁灭性的灾难，尤其在他们的模型被天真地当作决策的依据时。简单的事实摆在眼前：我们只能将数学证明的标准运用到物理系统的数学模型中，却无法运用到物理系统中。想要证明一个物理系统的混沌性或周期性，这是不可能的。物理学家和数学家决不能忘记，他们有时会用相同的词汇来表示天差地别的意思。碰到这种时候，他们常常遭遇困难，造成尖锐的冲突。上述马赫的话（第 74 页）表明，这不是一个新问题。

第四章

# 数学模型中的混沌

如果有更多的人意识到简单的非线性系统并不一定具有简单的动力属性，这对我们大家来说都会是一件好事。

——梅爵士（Lord May，1976 年）

本章将会极为概略地介绍从动物学到天文学的混沌数学模型。如同任何文化侵略一样，对具有敏感依赖性的非线性决定论性模型，有人张开双臂拥抱它的到来，有人则拒其于门外。在物理学领域，它受到了一致欢迎；正如我们所见，证明其预言的实验取得了令人大为惊叹的成果。而在包括种群生物学在内的其他领域，混沌的重要意义仍然遭到质疑。然而，正是种群生物学家提出了最早的一些混沌模型，比天文和气象学家的模型还要早十年问世。1976 年，《自然》杂志发表了一篇深具影响且通俗易懂的

综述文章，它重新激发了人们对这一研究的兴趣。我们在
此先来谈谈这篇文章的基本见解。

## 梅爵士的可爱甲虫

1976 年，梅爵士在《自然》杂志上发表了一篇关于
混沌动力学的综述文章，引起了人们广泛的关注。文章概
略讨论了决定论性非线性系统的主要特征。作者在文章中
指出，尽管许多值得玩味的问题仍未得到解决，但这一新
的视角不仅具有理论价值，而且具有实践和教学意义；它
还提出了从描述系统的新比喻到观测的新数值和估计的新
参数值等诸多事物。在种群动力学中，最简单的是一代与
下一代间并无交叠的种群繁殖动力学。举例来说，每年繁
殖一代的昆虫可由离散时间映射来描述。此种情况下，$X_i$
代表第 i 年的种群或种群密度，由此时间序列每年可得出
一个值，而映射则是根据今年种群规模决定来年的规则。
参数 α 代表了资源密度。20 世纪 50 年代，莫兰（Moran）
和里克（Ricker）各自独立地提出了图 8（f）所示的映射
（第 64 页）。我们在图中可以看到，当 X 的现值较小时，

其下一个值会变大，这意味着小种群在增长。然而，如果X变得过大，下一个X值就会变小；当现值变得非常大时，下一个值就会非常小：大种群耗尽了每一个体所能获得的资源，成功的繁殖因此减少了。

研究人员长期以来已经观察到了种群数量的不规则涨落，并为其起因一直争论不休。和太阳黑子序列一样，加拿大猞猁的时间序列，以及斯堪的纳维亚和日本田鼠的时间序列，都属于整个统计学领域分析得最多的数据组。极简单的非线性模型会呈现出如此不规则的涨落，这一理念为真实的种群涨落提供了一种新的可能机制，这种机制与"自然"种群应当维持在一个稳定水平或固定循环周期的理念相矛盾。这些看似随机的涨落不需要由某种外力引起，比如天气的变化，而可能是自然种群动力学本身内在的——这样的想法有机会从根本上改变我们理解和管控种群的尝试。尽管梅爵士在文章中指出，"用被动参数来替代一个种群与其生物和物理环境的相互作用，这可能会对现实造成巨大损害"，他同时也提供了"逻辑斯谛映射"中有趣行为的一个概观。在这篇文章的结尾，作者"衷心呼吁把这些差分方程引入初等数学课程，让简单的非线性

方程能够做到的不可思议的事丰富充实广大学生的直觉感
知力"。这已经是 30 多年前的事了。

下面我们将会看到这些不可思议的事其中一些例
子，但要注意的是，数学家对"逻辑斯谛映射"的关注并
不意味着这一映射本身在任何意义上"统辖"各种物理和
生物系统。非线性动力学区别于传统分析的一点是，前者
往往更关注系统的行为，而非任一初态在带有具体参数值
的特定方程下的细节，即更关注几何，而非统计。相似的
动态可能比"优质的"统计数字更重要。事实也证明，"逻
辑斯谛映射"与"莫兰-里克映射"在这方面很相似，尽
管它们在图 8（f）（第 60 页）中看起来大不相同。细节当
然也可能很重要；"逻辑斯谛映射"本身的持久作用或许
在于教化，即帮助摒弃这样一种陈旧的观念：复杂动力学
要求的不是非常复杂的模型就是随机性。

## 普适性：预言通向混沌之路

从"逻辑斯谛映射"中产生了丰富多样的各种行为。
图 11 所示的著名分岔图用一张图表概括了参数分取许多

不同的值时该映射的行为。横轴为 α，任一纵切面上的各点表示状态，它们会落在该 α 值的吸引子附近。这里的 α 代表了系统的某个参数：如果 X 是湖里鱼的尾数，α 就是湖里鱼食的总量；如果 X 是龙头水滴的时间间隔，α 就是龙头漏水的速率；如果 X 是液体对流时流体卷的运动，α 就是传导至锅底部的热量。在八竿子打不着的事物的模型中，行为是一样的。对于小数值的 α（图左侧）我们有一个不动点吸引子。这个不动点的位置随着 α 值的增大而增大，直到 α 值达到 3[1]；这时不动点消失，我们观察到迭代在两点之间交替，即一个周期 –2 的循环。如果 α 持续增大，则我们得到一个周期 –4 的循环；接下来是周期 –8、周期 –16、周期 –32，如此往下，不断分岔。

因为循环的周期总是以 2 为单位增加，这些分岔因此称为*倍周期分岔*。尽管旧有的循环看不到了，它们并未停止存在。它们仍在那里，只是变得不稳定了。当 α 大于 1 时，"逻辑斯谛映射"的原点发生的情况如下：只有当 X 恰好等于 0 时，它才会保持为 0；非 0 的小数值则会随着每次

---

1 原文有误，应为 3。

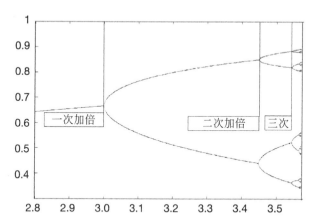

图 11. 随着 α 从 2.8 增长到 ~3.5，"逻辑斯谛映射"中的倍周期行为；最初的三次倍增已经标出

迭代增长。同样，靠近不稳定周期循环的各点会远离此周期循环，因此迭代映射时，周期循环不再清晰可见。

一些规则性的东西隐藏在图 11 中。任取三个使周期倍增的连续 α 值，从第二个数中减去第一个数，然后用第二个数与第三个数的差来除，结果收敛到费根鲍姆数 ~4.6692016091。这些关系是由米奇·费根鲍姆（Mitch Feigenbaum）在 20 世纪 70 年代末发现的。当时他在洛斯阿拉莫斯用手持计算器计算出了（现在以他的名字命名的）这一比率。其他人也通过各自独立的途径得出了此数；在每一个事例中，作出此类计算的洞察力都令人为之惊叹。

因为费根鲍姆数大于 1，发生分岔的 α 值相互靠得越来越近；在 α 还未到达 3.5699456718 附近的某一数值时已经有了无穷多个分岔。图 12 显示了当 α 取更大值时出现的情况。这一大片像海一样的数点大致上是混沌的，但是注意周期性行为的点，它们看起来就像窗一样，比如 α 取 $1+\sqrt{8}$（约等于 3.828）在一个周期 –3 的窗里。这是个稳定的周期 –3 循环；你能识别出周期 –5 对应的窗吗？周期 –7 呢？

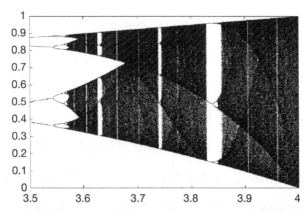

图 12.　随着 α 从 α = 3.5 时周期–4 的循环增长为 α = 4 时的混沌，"逻辑斯谛映射"中的种种行为。注意每个周期窗口右侧复制的倍周期级联

图 13 为"逻辑斯谛映射"图赋予了语境。随机选取的 α 值和 $X_0$ 在这张三维图的 t = 0 切面上构成了一片云状

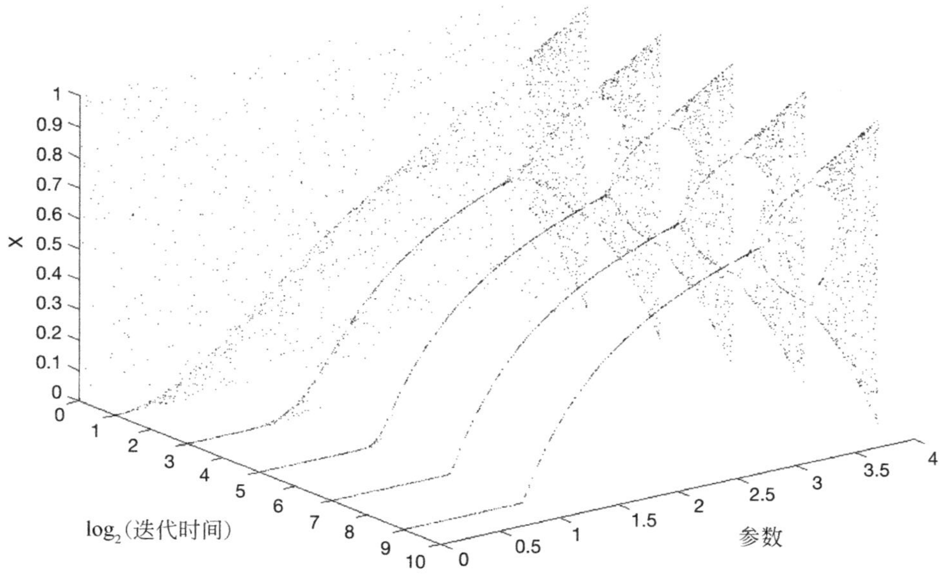


图 13. 三维图，显示 X 在方盒左后方的坍缩。初始值 $X_0$ 与 α 都是随机选取；随着迭代次数的增加，X 趋向各自不同的吸引子。注意靠近右前方的截面与图 11 和图 12 中的截面的相似性

数点。把这些值按"逻辑斯谛映射"向前迭代，暂态逐渐消失，在每个 α 值时的吸引子慢慢进入视线；经过 512 次迭代后，最后的时间切片呈现出来的样子类似图 12。

想让简单的"逻辑斯谛映射"告诉我们任何有关液氦行为的事情可能是要求过高了。但它确实可以告诉我们一些事。不仅复杂行为的发端在定性上显现出倍周期，而且通过很多实验计算出的费根鲍姆数实际量值与通过"逻辑斯谛映射"计算出的结果惊人地相符。许多物理系统似乎都显示出这一"通往混沌的倍周期路径"：流体动力学（水、水银和液氦）、激光、电子系统（二极管、晶体管），以及化学反应（B–Z 反应）。我们常常可以在实验中估计出费根鲍姆数到两位数的准确度。这是本书记录的最令人惊叹的成果之一：利用"逻辑斯谛映射"的简单计算是怎么得出与所有这些物理系统都相关的信息的呢？

数学家对这张图的兴趣不仅源自它的美，还源自这样一个事实：乍看上去与"逻辑斯谛映射"大不相同的"莫兰–里克映射"和许多其他系统也能得出类似的图。一条技术性论据显示，倍周期在峰形看起来像一条抛物线的"单峰"映射中十分常见。从非常现实且具有相关意义的角度来说，几乎所有非线性映射在极为接近最大值时看起来都像这样，因此倍周期等属性被称为是"普适的"，尽管并非所有映射都具有这些属性。比这些数学事实更令人惊叹的是这一实证事实：形形色色的各种物理系统展现出出人意料的行为，而就我们所见，这种行为反映了这一数学结构。这难道还不算是一条数学应当统辖自然而非仅仅描述它的强有力论据吗？要回答这个问题，我们必须思考费根鲍姆数究竟更像一个几何常数（例如 $\pi$），还是更像一个物理常数（例如光速 c）。碟状、罐状、球状的几何构造可以通过 $\pi$ 来贴切描述，但是不能说 $\pi$（像物理常数值在自然法则的范围内统辖万物性质一样）统辖真正的长度、面积和容积之间的关系。

## 数学术语"混沌"的起源

1964 年，苏联数学家沙尔科夫斯基（A. N. Sharkovski）证得了一条了不起的定理，关乎许多"单峰"映射的行为：如果发现一个周期循环，就预示着（可能为数众多的）其他周期循环的存在。对一个特定参数值而言，发现周期–16 的循环的存在，即意味着对同一参数值来说，周期–8、周期–4、周期–2、周期–1 的循环同样存在；而发现一个周期–3 的循环，即是说存在任何周期的循环！这又是一条非构造性的证据。它虽然没有告诉我们这些循环在哪里，却仍可以说是相当震撼的结果。在沙尔科夫斯基证得定理的 11 年后，李天岩（Li）和约克（Yorke）发表了他们引起巨大反响的论文，绝妙的是，论文题为《周期 –3 意味着混沌》。"混沌"之名从此保留下来。

**更高维数的数学系统**

我们迄今讲到的大多数状态模型只包含一个分量。田鼠–黄鼠狼模型是个例外，因为其状态由两个数构成：一个数反映田鼠的种群数量，另一个数反映黄鼠狼的种群数量。在此例中，状态是个向量。数学家把状态中分量的个数称作系统的维数，这是因为绘制状态向量需要该维数的状态空间。

当我们讨论更高的维数时，系统常常不再是映射，而是*流*。映射是取一 X 值、得出下一 X 值的函数，而流则提供状态空间任一点上 X 的速度。试想一个在海面上漂浮的萝卜；它随着洋流漂走，勾画出海水的流动。海中萝卜的三维路径可以类比为状态空间中 X 勾画出的路径，两者有时都称为*轨道*。如果我们追踪的不是萝卜而是流体本身无穷小的一块的路径，我们常会发现这些路径是常返的，且带有敏感依赖性。方程是决定论性的，而这些流体块据称呈现出"拉格朗日混沌"。实验室里的流体实验常常呈现出优美的图案，反映了在流体流模型中观察到的混沌动力学。我们下一步先不忙考察定义这些速度场的微分方程，而是来看几个经典的混沌系统。

**耗散混沌**

1963 年，埃德·洛伦茨发表了一篇如今已成经典的论文，文中探讨了混沌系统的可料性。他考察的是基于对流发端附近流体动力学的一组大为简化的三个方程，现在称为*洛伦茨系统*。我们可以把状态的三个分量设想为两个平面之间（当下平面受热时）一层流体中的对流卷。没有对流发生时，流体是静止的，流体中的温度由下层温度较高的平面至上层温度较低的平面均匀下降。洛伦茨模型的状态 X 由三个值 {x,y,z} 构成，其中 x 表示旋转流体的速度，y 是上升和下降流体之间温差的量，z 给出相对于线性温度分布的偏差。这一系统的一个吸引子如图 14 所示；它碰巧看上去像是一只蝴蝶。吸引子阴影的不同深浅表示无穷小不确定性加倍所需时间的变化。我们在第六章中再回来讨论这些阴影的意义，现在要记住的是它们随位置而变化。

洛伦茨系统中不确定性的演化如图 15 所示；它看起来比图 10（第 75 页）中与"尤尔映射"相对应的图形要更复杂一些。图 15 显示了 21 世纪的"拉普拉斯妖"为这一系统所能作出的预报：底部初始很小的不确定性逐渐变宽，然后变窄，然后再变宽，然后再变窄……最终分裂为两股，开始渐趋消失。但即便是在图 15 顶端所表示的时刻，图案中仍然可能找到有用的信息，这一切取决于我们试图作出的决定。在此例中，不确定性在抵达图表顶端时尚未稳定下来。

1965 年，数学天文学家摩尔（Moore）和施皮格尔（Spiegel）考察了一颗恒星大气层中小块气体的简单模型。

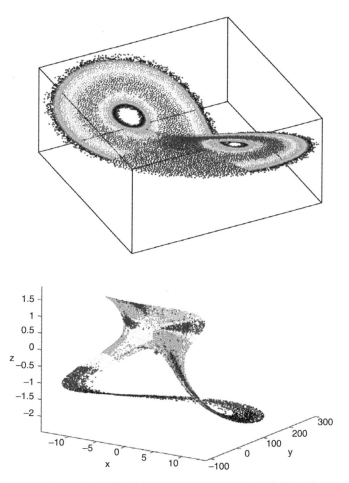

图 14. 三维图，反映的是（上图）洛伦茨吸引子和（下图）摩尔-施皮格
尔吸引子。阴影部分表示每一点上不确定性加倍时间的变化

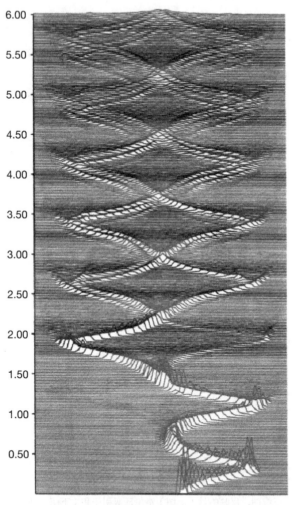

图15. 21 世纪的"拉普拉斯妖"会为洛伦茨 1963 年系统作出的概率预报。试比较不确定性在该混沌系统中演化的方式与第 75 页图 10 所示"尤尔映射"下不确定性相对简单的增长

其状态空间又是三维的，X 的三个分量分别为小块的高度、速度和加速度。它的动力学之所以有趣，是因为我们有两个相互对抗的力：倾向于打破小块稳定的热力和像弹簧一般、倾向于把小块带回起点的磁力。随着小块升高，它与周围流体的温度出现差别，而这又影响到它的速度和温度；与此同时，恒星的磁场像弹簧一样把小块拉向它的原初位置。两个相互对抗的力引起的运动常常导致混沌。摩尔-施皮格尔吸引子如图 16 所示。

混沌实验总是将计算机推向它能力的极限，有时甚至略微超越了极限。20 世纪 70 年代，天文学家米夏埃尔·埃农（Michael Hénon）想要对混沌吸引子进行一次详尽的研究。在给定计算机能力的情况下，需要在系统的复杂性与能够进行计算的时间序列长度之间进行折中。埃农想要一个属性与洛伦茨 1963 年系统类似，但在他的计算机上更容易进行迭代的系统。这是一个二维系统，其中状态 X 由一对值 {x,y} 构成。定义"埃农映射"的规则为：

$x_{i+1}$ 的新值等于 $1 - y_i + (\alpha \times x_i^2)$；

$y_{i+1}$ 的新值等于 $\beta \times x_i$。

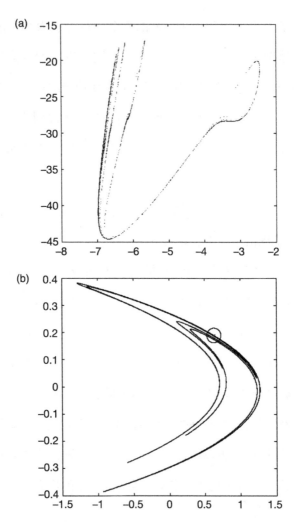

图16. 二维图，反映的是（a）z = 0 时摩尔-施皮格尔吸引子的一个切片，以及（b）α = 1.4、β = 0.3 时的埃农吸引子。注意这两者中许多叶状的相似结构

图 16(b)显示的是当 α = 1.4、β = 0.3 时的吸引子；图 16（a）显示的是 z = 0 及增长时，系统快照组合在一起的摩尔-施皮格尔吸引子切片。这一类图形称为**庞加莱截面**，表明了流的切片与映射有多么相像。

## 迟滞方程、流行病，以及医疗诊断

另一个有趣的模型家族是迟滞方程。在这类模型中，现行状态与过去的某个状态（"延迟状态"）两者都在动力学中起到直接作用。这些模型普遍见于生物系统，并且为白血病等振荡性疾病提供了洞见。在供血时，明天可得的血细胞数量取决于今天可得的数量与今天成熟的新细胞数量。延迟的发生源于这些新细胞在接到请求与成熟之间存在时间间隔：今天成熟的细胞数量取决于血细胞过去某个时点的数量。像这样的振荡性动力学可见于许多其他疾病，而迟滞方程的混沌研究激发了人们极大的兴趣，也取得了丰硕的成果。

在这一段落中，我们先把关于数学模型的讨论放一放，转而关注一下医学研究——数学模型带来的洞见运用于真实系统的又一领域。麦吉尔大学的迈克·麦基（Mike Mackey）和其他学者从事的迟滞方程研究甚至已为至少一种振荡性疾病找到了治愈的方法。非线性动力学研究还带来了对在人群之中而非个人身上振荡的疾病之演化的洞见。我们的模型在麻疹研究方面可与现实相比较，从对时间和空间动力学的考量中获益。混沌时间序列分析还为考察复杂医学时间序列——包括大脑（EEG）和心脏（ECG）——提供了新的视界。这并不意味着这些真实世界的医学现象是混沌的，甚至也不是说描述它们最好的方法是混沌模型。这些真实系统产生了用来分析的信号，不论系统内在动力学的本质为何，研究混沌的分析方法在实践中都可能是有价值的。

**哈密顿混沌**

如果状态空间体积没有随着时间收缩，就不存在吸引子。1964 年，埃农和海尔斯（Heiles）发表了一篇论文，以恒星在星系中运动的四维模型展示了混沌动力学。状态空间体积不会收缩（包括通常用来预测交食的牛顿天体力

学系统)、可追踪太阳系未来和太阳系中太空飞船的系统
称为哈密顿系统。图 17 是埃农-海尔斯系统的一个切片,
它是哈密顿系统。注意一片混沌轨道的汪洋之中错综复杂
交织在一起的空岛。始于这些岛内部的初态可能落在几乎
封闭的循环上(环面);或者,它们可能遵循约束于岛链
内部的混沌轨道。在这两种情况下,造访链上各岛的次序
都是可预测的,尽管造访各岛具体哪一处或不可预测;不
论哪种情况,事物只在小范围内不可预测。

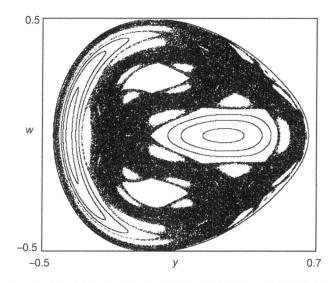

图 17. 埃农-海尔斯吸引子的一个二维切片。注意那些同时存在的循环,以
      及有许多(空)岛的混沌大海

### 利用对混沌的洞见

从 1963 到 1965 这三年间，有三篇独立的论文分别问世（洛伦兹、摩尔和施皮格尔、埃农和海尔斯），它们都利用了数字计算机来引入后来所称的"混沌动力系统"。日本的上田皖亮在模拟计算机实验中观察到了混沌，苏联数学家则在百多年来国际数学研究的基础之上推进。近 50 年后的今天，我们仍在探索利用这些洞见的新途径。

限制未来日食可料性的是什么呢？是我们当前测量的准确度不足所导致的关于行星轨道知识的不确定性？是未来日长差异所造成的地球表面观察日食位置的变化？还是因为广义相对论能（更好地）描述宇宙现象而牛顿方程却失败了？我们能够观察到月亮正在逐渐远离地球；假设这种情况继续，它最终会因看上去太小而无法遮挡整个太阳。遇到这种情况，就会有最后一次日全食的出现。我们能够预报这一事件何时发生吗？如果天气条件允许，我们应该站在地球表面哪个位置才能亲眼目睹呢？我们不知道这个问题的答案，也不能确定知道太阳系是否稳定。即使仅有三个天体，牛顿也十分清楚非线性对它们的最终稳定性造成的困难；他认为确保太阳系的稳定是上帝的工作。了解了哈密顿系统容许的混沌轨道的类型，我们就学到了很多有关太阳系最终稳定性的知识。太阳系是稳定的，很可能如此，这是我们当前能够作出的最优猜测。像这样的洞见更多地源自对状态空间几何的理解，而非基于观测结果的具体计算的尝试。

我们可以放心地从低维系统的数学行为中得到洞见吗？它们或是提供实验中需要考察的新现象（如倍周期），或是提供自然界需要估计的新常数（如费根鲍姆数）。这些简单系统还为我们的预报方法备好了测试台；这可能有一点危险。低维混沌系统的现象与我们观测到的更复杂模型中的现象一样吗？这些现象常见到了甚至在简单低维系统（如洛伦兹 1963 年系统和摩尔–施皮格尔系统）中出现吗？还是说这些现象的出现是因为其例子的简单性：它们只在简单数学系统出现吗？这个"甚至在或只在"的问题同样也适用于我们为了预报和控制混沌系统而开发出来的技术手段，这些技术手段都是经过低维系统检测的：它们甚至在或只在低维系统中发生吗？至今最稳妥的答案是，我们在低维系统中识别出的困难极少于高维系统中消失，但是对低维系统起作用的成功的解，往往到了高维系统就失效了。洛伦兹认识到了将从三维系统得出的结论推而广之的危险性，他五十年前便已转而开始研究一个二十八维的系统。直到今天，他仍在创造新的系统，有些是二维的，有些是二百维的。

混沌和非线性在许多领域产生了影响；或许，从中可以获得的最深刻的启示便是，看起来复杂的解有时可以接受，不需要归咎于外部动态噪声。这并不意味着，在任一特定情况下，它们不应归咎于外部噪声，也并不是削减随机统计模型的实用价值，因为该模型已经有了近百年的经验和良好统计实践。但它确实表明了开发测试的价值，包括运用于某一特定应用的方法的测试和适用于所有可获得的模型的一致性测试。我们的模型应该尽可能地不受限制，但是也仅此而已。这些简单系统的长远影响或许在于其教学价值；年轻人可以在早期教育中接触到这些简单系统的丰富行为。通过坚持内部一致性，数学适当地约束我们天马行空地比喻的能力，这往往并非为了让想象规规矩矩地服从物理现实，而是为了打开新世界的大门。

第五章

# 分形、奇异吸引子与维数

大跳蚤有小跳蚤

在背上啃啃咬咬。

小跳蚤还有更小的跳蚤，

直到无止也无休。

——A. 德·摩根（A. de Morgan，1872 年）

　　如果没有涉及**分形**，有关混沌的介绍就不能算是完整的。这并不是因为混沌意味着分形，也不是因为分形需要混沌，而仅仅是因为在耗散混沌中，真正的数学分形好像是凭空冒出来的。把数学分形与物理分形区分开来，这和把我们所称的数学系统中的混沌和我们所称的物理系统中的混沌区分开来同样重要。尽管数十年来争论不休，有关这两种分形的任一种都并没有一个普遍认可的定义，不过我们见到时通常都能把它们认出来。其概念与自相似密切相关：放大观察云朵、国家或海岸的边界线时，我们会看到与在更大的尺度上看到的相似的图案；不断地放大，这种相似的图案一再地出现。图 18 的点集也是这种情况。图中的集合由五簇密集的点构成。放大其中任一簇，会发现放大的部分与整个集合自身看起来很相似。如果这种相似是精确的——放大的部分与原初的集合相等同——那么集合便称为是*严格自相似*的。如果重复的只是相关的统计属性，那么集合便称为是*统计自相似*的。如何确切地界定"相关的统计属性"所包含的内容呢？这个术语的一般性定义是至今未能达成共识的争论之一。厘清这些有趣的细节可能另需单独一本《分形简论》，现阶段我们就先满足于以下几个例子吧。

18 世纪晚期，分形在包括格奥尔格·康托尔（Georg Cantor）在内的数学家之间引起了广泛热议（不过，以康托尔的名字命名的"三分集"最早是由牛津数学家亨利·史密斯［Henry Smith］提出的）。随后的百年间，分形图形常被它们在数学界的发现者视为畸形的曲线而予以拒绝；与此同时，L. F. 理查森（L. F. Richardson）开始量化不同物理分形的分形性质。天文学家、气象学家和社会科学家对物理分形和数学分形两者的欢迎则要热情得多。跨越数学空间和真实世界空间的鸿沟——并且模糊了其边界——的最早分形之一出现在约一百年前，它试图解答奥伯斯佯谬。

### 奥伯斯佯谬的分形解

1823 年，德国天文学家海因里希·奥伯斯（Heinrich Olbers）把数百年来天文学家的关切简洁概括为一个问题：“为什么夜空是漆黑的？”如果宇宙无穷大，且其间恒星大致均匀分布，那么在给定距离的恒星数量和每颗恒星到达地球的光之间就会有个平衡。这一微妙的平衡意味着夜空应该是均匀地亮着的；要在相似亮度的白昼天空看到太阳甚至会有困难。但夜空实际上却是漆黑的。这就是奥伯斯佯谬。约翰内斯·开普勒（Johannes Kepler）利用这一佯谬在 1610 年论证说，恒星的数量是有限的。埃德加·爱伦·坡则首先提出了一个至今依然风行的论点：

夜空漆黑是因为光还没有足够的时间从遥远的恒星到达地球。福尼尔·达尔贝（Fournier d'Albe）在 1907 年推出了一个优雅的替代方案；他认为宇宙中物质的分布是均匀的，但同时其分布是以分形的方式。福尼尔以图 18 中复制的图形来说明他的设想。这一集合称为福尼尔宇宙，它是严格自相似的：将其中一个小立方体放大五倍，就会得

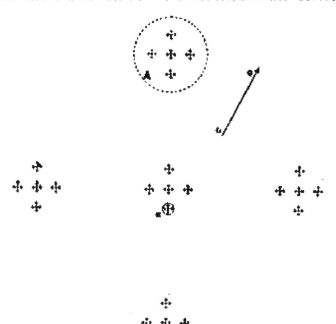

DIAGRAM OF A MULTI-UNIVERSE

图 18. 展现出自相似结构的福尼尔宇宙，1907 年由福尼尔本人发表

到与原初集合一模一样的复制品。每一个小立方体都包含整个全部。

　　福尼尔宇宙为奥伯斯佯谬提供了一种解释：福尼尔在图 18 中放置的那条直线表示没有其他任何"恒星"的众多方向的一个。福尼尔并未止步于宇宙的无穷大；他还提出，这样的级联事实上延展至无限小。他把原子视为微宇宙，微宇宙又由更小的粒子构成；他又设想宏宇宙，我们的星系在其中被当作原子。通过这个构想，他提出了没有内外部界限的为数不多的几个物理分形之一：一个从无穷大到无穷小、令人想起电影《黑衣人》最后几帧定格的级联。

## 物理领域的分形

> 大漩涡里套着小漩涡，
> 它们消耗掉了速度。
> 小漩涡里还有更小的漩涡，
> 一直继续到黏性进入。

　　　　　　　　　　　——L. F. 理查森

　　云朵、山脉和海岸线是自然分形的常见例子；它们是在真实空间中存在的统计自相似的对象。对生成分形不规则性的兴趣并不是才冒出来的，牛顿本人就曾记录过一个早期的食谱；他指出，把啤酒倒入牛奶，"搅拌后静置待凝结，凝固物的表面会与地球上任何一处崎岖不平的地形相类似"。与牛顿的凝固物不同，混沌的分形是状态空间的数学对象；和物理分形相比，它们是真正的分形。差别在哪里呢？首先，物理分形只有在一定的尺度下才能显示出分形的属性，其他时候则不然。设想一下云朵的边缘：当观察靠得越来越近，尺度变得越来越小时，会最终到达一个时刻，此时边界不存在了；云朵消失，变成了乱七八糟的一堆分子，边界再也无法测量。同样，当云朵的尺度与地球的大小相当时，它也不是自相似的。对物理分形来说，当我们观察靠得过近时，分形概念就失效了；有了这些物理截断，才能很容易地识别出老式好莱坞在波浪池里使用模型船的电影特效：我们能感觉到，相对于"船"，截断是在错误的尺度上。今天，好莱坞和惠灵顿[1]的电影人对数学的了解已足以让他们在生成计算机仿造物

---

1　新西兰惠灵顿（Wellington）是《指环王》系列电影等的特效制作中心。

时更娴熟地隐藏截断。日本艺术家葛饰北斋（Katsushika Hokusai）在他19世纪30年代著名的木版画《神奈川冲浪里》中显示出了对这种截断的尊重。物理学家知道这一现象也已经有一段时间了：德·摩根的诗允许其跳蚤级联"无止也无休"地延续下去；理查森诗里的漩涡级联则因为"黏性"——这是一个表示流体内部摩擦的术语——而有了极限。理查森是湍流的理论和观测方面的专家。他曾经按固定的时间间隔把萝卜扔进科德角运河的一头，利用它们抵达运河另一头桥底的时间来量化流体向下游移动的同时是怎样扩散的。他还在第一次世界大战中（手动！）计算了首个数值天气预报。

理查森是贵格会教徒；他在一战中辞去了气象局的职务，到法国开起了救护车。为了检验自己的一个理论——国界长度影响人们发动战争的可能性，他后来对测量国界产生了兴趣。在测量不同地图上的同一段国界时，他觉察到了一个奇特的现象：在葡萄牙的地图上，西班牙和葡萄牙的国界要比西班牙地图上的长得多！在测量英国等岛国的海岸线时他发现，随着沿海岸测量的卡尺的缩短，海岸线的长度增加了。他还注意到，当以不同的尺度来测量，导致岛屿的面积和周长都发生变化时，两者之间存在出乎意料的关系。理查森指出，这些不同尺度带来的变动遵循一个非常固定的模式，对于任一特定边界它可以用一个数字来概括：把曲线长度和用来测量它的尺度联系起来的指数。经过了芒德布罗（Mandelbrot）的基础性研究，这一数字称为边界的分形维数。

理查森发展出了一系列方法来估算物理分形的分形维数。面积–周长法量化在越来越高的分辨率下，面积和周长两者如何变化。对于某一特定对象，例如一朵云，由这一关系同样可以得出其边界的分形维数。当我们在*同样的*分辨率下观察许多不同的云朵（比如从太空中拍的照片）时，面积和周长之间类似的关系就会浮现出来。鉴于云的形状以千奇百怪而闻名，我们不知道为什么这一可供替代的面积和周长关系似乎对不同大小的云的集合都适用。

## 状态空间的分形

下一步，我们来构建一个人造意味相当浓厚的数学系统，旨在驳斥有关混沌最容易死灰复燃和产生误解的谬误

之一：在状态空间发现一个分形集即意味着决定论性动力
学。来看以下"三倍帐篷映射"：

如果 X 小于 0.5，则取 3X 为 X 的新值；

若不是，则取 3 − 3X 为 X 的新值。

　　几乎每个 0 到 1 之间的初态经过迭代后都远离原
点。我们忽略这些，而把关注点放在迭代之后永远停留
在 0 到 1 之间的初态的无限个数之上。（我们忽略这一看
上去的悖论，是因为这里的"无限"并非严格意义上的，
但要记住牛顿的警告："所有的无限都相等这一原则是可
疑的。"）

　　"三倍帐篷映射"是混沌的。它很明显是决定论性的，
其相关轨道是常返的，而且无限接近的点之间的间隔随着
每次迭代呈三倍增长，这意味着敏感依赖性。"三倍帐篷
映射"与随机"三分 IFS 映射"的时间序列如图 19 所示。
视觉上而言，我们看到有迹象显示混沌映射更容易预报：
小数值的 X 后面总是跟着小数值的 X。图 19 底部的两个
小图分别展示了各自系统中的一条长轨道访问过的一组

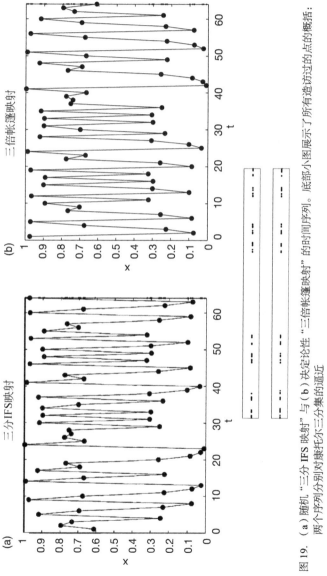

图 19.（a）随机"三分 IFS 映射"与（b）决定论性"三倍帐篷映射"的时间序列。底部小图展示了所有造访过的点的概括：两个序列分别对康托尔三分集的逼近

点；它们看上去很相似，并且事实上都反映了康托尔三分集里的点。这两个动力系统分别访问了相同的分形集，因此如果只看系统访问的点集的维数，我们无法把决定论性系统和随机系统区分开来。但是要了解动力学，我们不仅应该知道系统到过哪里，还应该考察系统是怎样活动的，这一点难道值得惊讶吗？这个浅显的反例彻底击溃了上文提到的谬误。尽管混沌系统常常访问分形集，发现一个有限维集既不表示决定论性也不代表混沌动力学。

在精心构建的数学映射中找到分形并不令人吃惊，因为数学家都是聪明人，能够设计出创造分形的映射。而耗散混沌最妙的一点就是，分形的出现并非人工设计。"埃农映射"是一个经典的例子。数学上来说，它代表了一整类有趣的模型；它的定义和"三分 IFS 映射"不同，其中没有任何特别的"像分形"之处。图 20 展示了自相似结构突然像变魔术一样蹦出来的一系列放大图。这肯定是非线性动力系统最让人惊叹的一个特点了。"埃农映射"没有人工设计的痕迹，而且分形结构在耗散混沌系统的吸引子中很平常。它不是混沌必需的，而且反之亦然，但是它很常见。

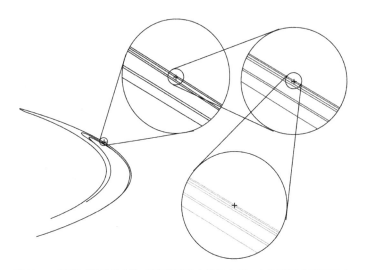

图 20. 一系列"埃农映射"不稳定不动点的放大图，在每张图上该不动点
标记为 +。同样的模式不断重复，直到我们用完了数据点

　　和所有的魔术一样，我们（至少事后）能够了解到这个把戏的诀窍在哪里：选取并放大"埃农映射"中一个不动点的附近，观察非常非常靠近这个点的映射的属性，它揭示了要放大到什么程度才能使其自相似性如此惊人。重复结构（一条粗线和两条较细的线）的细节由远离这个点的地方发生的事来决定。但如果"埃农映射"真是混沌的，并且产生这些图像的计算机轨道是合乎实际的，则我们天然就有了一个分形吸引子。

　　状态空间湍流的传统理论让人想到理查森的诗：人们

认为可以激发出越来越多的周期模式，并且追踪所有这些振荡的线性总和需要一个维数非常高的状态空间。因此大多数物理学家理所当然地认为湍流的吸引子是高维的甜甜圈，或者用数学术语来说，是环面。20世纪70年代初，达维德·吕埃勒（David Ruelle）和弗洛里斯·塔肯斯在寻找替代光滑高维环面的方法时，遭遇了低维的分形吸引子。他们发现这些分形吸引子很"奇异"。今天，"奇异"这个词用来描述吸引子的几何结构，特别是它是分形这个事实。而"混沌"这个词则用来描述系统的动力学。这一区别十分有益。短语*"奇异吸引子"*的确切起源已经不为人知，但是对这些数学物理的对象来说，该术语已被证明是深具启发和恰如其分的标签。因为哈密顿系统根本不存在吸引子，自然也就没有奇异吸引子。但是，哈密顿系统的混沌时间序列常常发展出复杂精细的图案，显现显著的不均匀性和自相似性的种种痕迹；这些图案称为奇异积累子，其存在和我们运行计算机的历史一样久。它们的最终命运尚且不得而知。

## 分形维数

状态向量中分量的个数告诉我们状态空间的维数。但如果一个点集的点没有明确界定的边界（比方说，构成奇异吸引子的点），如何来估算它的维数呢？其中一种方法让人联想到面积-周长关系；它用给定大小的方盒完全覆盖点集，看看随着单个方盒大小的缩减，所需方盒的数目是如何增加的。另一种方法是，以一个随机的点为中心，考察一个半径不断减小的球就平均而言内部所包含点的数量如何变化。为了防止靠近吸引子的边缘出现意外情况，数学家将只考察半径 $r$ 小到难以察觉的球。我们看到了熟悉的结果：在一条直线上随机的一个点附近，点的数量与 $r^1$ 成比例；在一个平面上的点附近，点的数量与 $\pi r^2$ 成比例；在一个立方点集里的点附近，点的数量与 $4/3\pi r^3$ 成比例。以上每一种情况，$r$ 的指数反映了点集的维数：若点集构成一条线，则维数为 1；若构成一个平面，则维数为 2；若构成一个立体，则维数为 3。

这样的方法也适用于分形集，尽管分形往往在所有的尺度上都含有称为"腔隙"的洞。虽然处理这些对数难题并不容易，但是我们可以精确计算出严格自相似集的维数，并且立即注意到分形的维数常常不是一个整数。福尼尔宇宙的维数为 ~0.7325（等于 log 5/log 9），而康托尔三分集的维数则为 ~0.6309（等于 log 2/log 3）；在以上两种情况中，维数都是一个大于 0 但小于 1 的分数。芒德布罗取"分数"的"分"构成了"分形"这个词。

埃农吸引子的维数是多少呢？我们的最优估计为 ~1.26；可是虽然知道存在一个吸引子，但是从长远来看，我们却无法确定该吸引子是否只是个很长的周期循环。在映射中，每个周期循环都仅由有限多个点构成，因此其维数为 0。要看到这点，只需设想比循环上靠得最近的两点之间的距离还要短的半径为 r 的球；各球的点数是恒定的（等于 1），我们可以记为与 $r^0$ 成比例，因此各球维数为 0。我们将在第七章中看到，为什么很难用计算机模拟来证明长期情况下会发生什么。首先，我们会更进一步考察即便在对数学系统了如指掌的情况下，量化不确定性动力学这一挑战。对真实世界的系统来说，我们有的只是受到噪声干扰的观测结果，这个问题就更加困难了。

第六章

# 量化不确定性的动力学

在我们考察不确定性的动力学时，混沌揭露了我们的偏见。尽管有关不可料性的话题炒得沸沸扬扬，我们应该看到，用来确立混沌的量对今日预报的准确性并未加以任何限制：混沌并不意味着预报是无望的。通过考察用来测量不确定性的统计数据的历史，我们能够看到混沌和可料性之间的联系为什么被严重高估了。今天，我们可以获得更多的统计数据。

一旦科学家触及不确定性和可料性的议题，他们便有义务澄清他们的预报和用来量化其不确定性的统计数据这两者之间的关联。那个从拉·图尔的画中往外看的年纪大一些的男子或许可以从 52 张牌中为年轻男子提供每一手牌的准确概率，但是他知道这些概率并不能反映正在进行的牌戏。同样，鉴于其完美的模型，21 世纪的"拉普拉斯妖"能够相当准确地量化不确定性的动力学，但是我们知道自己手上并没有完美的模型。我们有的只是一组存在缺陷的模型，又怎么能建立起模型行为的多样性和真实世界未来状态的不确定性之间的关联呢？

## 确定性的衰退：相关性缺失的信息

预测一个系统下一步会怎么做时，系统最近状态的数据常常能够比某个久远过去状态的数据提供更多的信息。20 世纪 20 年代，尤尔想要量化的是，相比 10 年前的数据，今年太阳黑子的数据究竟在多大程度上能够提供来年太阳黑子数量更多的信息。这样的统计量还可以让他在定量上比较原初数据和由模型生成的时间序列数据的属性。他发明了现在所称的自相关函数( auto-correlation function，即 ACF )；这一函数测量相隔 k 次迭代的状态的线性相关性。当 k 为 0 时，ACF 为 1，因为任何数都与自身完全相关。如果时间序列反映的是周期循环，则随着 k 的增大，ACF 自 1 递减，又在每当 k 为周期的整数倍时，ACF 重归于 1。对线性随机系统的数据来说，ACF 具有重大价值，但我们很快就会看到，如果研究的是非线性系统的观测结果，ACF 就不那么有用了。即便如此，一些统计学家仍旧对 ACF 高估过了头，甚至将决定论性定义为线性相关性；许多人至今还未从这个错误中恢复过来。众所周知，相关性并不意味着因果性；混沌研究也很清楚地表明了因果性并不意味着（线性）相关性。尽管"完全逻辑斯谛映射"的下一状态完全由现行状态决定，两个相邻状态之间的相关性却为 0。事实上，对于任一时间间隔，该映射的 ACF 都为 0。这样一来，如果一个世纪的统计分析主流都对如此显见的关系视若无睹，我们怎样才能探察到非线性系统里的相互关系，更不用说量化其可料性呢？要回答这个问题，我们首先要引入二进制。

## 信息的点点滴滴

计算机往往用二进制来记录数字：不是用我们在学校里所学的十个符号（0、1、2、3、4、5、6、7、8 和 9），而是仅用头两个符号（0 和 1）。因此，代表 $10^3$、$10^2$ 和 $10^1$ 的 1000、100 和 10，在二进制中变成了代表 $2^3$、$2^2$ 和

$2^1$，即 8、4 和 2。符号 11 在二进制里代表 $2^1 + 2^0$，即 3；0.10 代表 $2^{-1}$（0.5），0.001 则代表 $2^{-3}$（0.125）。于是就有了这样一个笑话：世界上有两种数学家，一种懂得什么是二进制，另一种则弄不明白。正如在十进制中，乘以 10（10）是很简单的，在二进制中，乘以 2（10）也同样简单：只要把所有数位（比特）向左移一位就可以了；于是 1.0100101011 变成 10.100101011，"移位映射"因此得名。除以 2 的情况也一样：只要向右移一位。

计算机通常使用固定字长来记录一个数，不会浪费宝贵的存储空间来储存小数点。这样的话，除法就有些特异了：在计算机上，将 001010010101100 除以 2 得 000101001010110，但是将 001010010101101 除以 2 得出的是相同的结果！将 000101001010110 乘以 2 得 00101001010110Q，其中 Q 为计算机造出的新比特。每向左移一位都会发生这样的情况：最右端的空当处需要加上一个新比特。在除以 2 的过程中，0 正确地出现在最左端的空当处，但是向右移位时移出这个窗口的比特就永远找不回来了。这一现象导致了一个恼人的特点：如果将一个数除以 2，再乘以 2，有可能无法得到开始时的原初数字。

迄今为止的讨论将我们引向对不同的数学动力系统中不确定性增长和衰退——或者说信息创造——的不同想象：随机系统、混沌数学系统和计算机化的混沌数学系统。系统状态的演化常被直观化地比作磁带穿过一个黑匣子。匣子里发生了什么取决于我们在观看哪一种动力系统。当磁带离开匣子时，我们可以看到上面写着的比特。究竟磁带进入匣子时是空白的，还是已经写着比特，这个问题引发了象牙塔咖啡间里热烈的讨论。我们面临何种选择呢？如果动力系统是随机的，则磁带进入匣子时为空白，离开时却印上了随机决定的比特。在此种情况下，磁带一位一位向前走时，不论我们认为自己在比特中看到了什么模式，它都是一个幻象。如果动力系统是决定论性的，比特已经印在了磁带上（并且与我们不同，"拉普拉斯妖"处在一个已将一切尽收眼底的位置）；在比特通过匣子之前，我们无法看清它们，但它们已经在那里了。把信息的所有这些比特创造出来，这无论怎么看都是个奇迹；至于说究竟是选择单独的一个伟大奇迹，还是正常的一连串小奇迹，这似乎就要看个人偏好了。在决定论性系统中，对应的景象是一次性地创造出无限数量的比特：无理数即为初态。在随机系统中，新的比特似乎是随着每一次迭代创造出来的。在实践中，看起来几乎可以肯定的是，我们对测量事物的准确度有某些控制权，这意味着磁带是预先印好的。

在混沌系统的定义中，没有任何东西可以阻止磁带倒回去一段时间。发生此种情况时，预测会在一段时间内变得简单，因为磁带倒回去的部分我们已经看到过了，它再往前走时下面出来的比特我们已经知道了。但当我们想要把这一图景套用到计算系统时，却遇到了困难。磁带进入匣子前不会是真正的空白：磁带左移时，计算机不得不根据某个决定论性规则"造出"那些新比特，因此新比特实质上等于在磁带进入匣子前已经印在了上面。更有意思的是在磁带倒回去的地方发生的事，因为计算机无法"记住"右移时丢失的任何比特。对"常数斜率映射"（即乘上一个常数）来说，我们永远都在向左位移或是向右位移，磁带永不倒带。计算机模拟仍然是个决定论性系统，尽管它能够产生的各种磁带不及它模拟的决定论性数学映射产生的磁带来得丰富。如果被模拟的映射有缩小的不确定性的区域，那么就存在一个磁带倒带的暂态时段，此时计算机无法知道上面写了哪些比特。磁带再度往前走时，计算机使用其内部规则造出新的比特，而我们或许会发现，再度从匣子里出来的磁带上，可能有叠印的 0 和 1！在第七章中，我们还会讨论在混沌数学系统的计算机模拟中发生的其他怪事。

### 预测可料性的统计数据

混沌带来的一个启示是对信息含量的关注。在线性系统中，方差反映信息含量。在非线性系统中，信息含量则要更微妙，因为大小并非表示重要性的唯一指标。我们还有什么办法能度量信息呢？设想各点在 {X,Y} 平面上一个半径为 1 的圆上，并随机选取一个角度。知道 X 值能够告诉我们许多关于 Y 值的信息：它告诉我们 Y 是两个值中的一个。同样，如果我们不知道完全代表 X 所需的全部比特，那么我们所知的 X 的比特越多，所知的 Y 的比特就越多。尽管我们永远无法在 Y 的两个位置之间作出选择，针对两个可能位置的不确定性随着对 X 测量的越来越准确而缩小。不足为奇的是，在此例中，X 和 Y

的线性相关性为 0。其他统计度量也被开发出来，用来量化知道一个值究竟告诉了我们多少有关另一个值的信息。举例来说，互信息反映了多知道 X 的一个比特平均而言意味着知道多少个 Y 的比特。对这个圆来说，如果知道 X 的首 5 个比特，就能知道 Y 首 5 个比特中的 4 个；如果知道 X 的 20 个比特，就能知道 Y 的 19 个比特；如果知道 X 的所有比特，就能知道 Y 除一个之外的所有比特。没有那个缺失的比特，就无法辨别 Y 的两个可能值之中，哪个才是真正的值。不幸的是，从线性思维的角度来讲，缺失的比特是 Y 中价值"最大的"那个。即便如此，把相关性为 0 这一事实解释为知道 X 值对知道 Y 值丝毫没有帮助，这样的做法是很容易产生误导的。

关于"逻辑斯谛映射"的动力学，互信息能够告诉我们什么呢？互信息反映这样一个事实：确切知道 X 的一个值给了我们有关未来 X 值的全部信息。如果对 X 作出有限精度的测量，互信息反映平均而言我们对 X 的未来测量知道多少。当存在观测噪声时，X 现值的对应比特会被噪声遮掩，因此往往距离现在越远，我们对 X 的未来值也就知道得越少。互信息由此往往随着时间间隔的增大而衰退，而线性相关性系数则对所有间隔（除了 0）来说皆为 0。互信息是个有用的工具；开发某些特定应用的定制统计方法是非线性动力学内部一个正在增长中的行业。重要的是要确切知道这些新的统计数据告诉了我们什么，并且承认其中的信息比传统统计数据能够告诉我们的要多得多。

噪声模型使我们对当前的不确定性有了个概念，因此我们可以把认为不确定性会加倍的时间作为可料性的度量。我们必须避免线性思考的陷阱，以为在非线性系统中，四倍时间相当于两倍的加倍时间。由于不知道哪个时间是相关的（加倍时间、三倍时间、四倍时间……），我们简单地称之为某一特定初态附近的 q 倍时间。这些 q 倍时间的分布值与可料性相关：它们直接反映我们认为每一特定预报中不确定性越过我们关注的给定阈值的时间。不确定性的平均加倍时间与模型预报的平均结果给出的信息相一致。如果有个单一数字就方便了，但是这个平均值可能并不适用于任一初态。

不确定性的平均加倍时间是一个有用的统计量。但数学混沌的定义与加倍（或任一 q 倍）时间统计量并无关联，而是与我们下面定义的***李雅普诺夫指数***有关。这是混沌和可料性并不像人们通常以为的那样密切相关的原因之一。比起首项李雅普诺夫指数，平均加倍时间给出的可料性指标更切实际，可是正如我们所看到的，它欠缺李雅普诺夫指数所具有的一个重要优势；这一优势虽然没有实际用处，但却是数学家高度珍视的。

混沌是要在长时间中来定义的。不确定性的一致指数性增长仅见于最简单的混沌系统中。确实，一致增长在混沌系统中是罕见的；这些系统通常仅表现为**有效指数性增长**，或与之等价的**平均指数性增长**。这一平均值是在无限次迭代的极限下产生的。我们用来量化这一增长的数字就叫作*李雅普诺夫指数*。如果增长是纯指数性的，而不仅是平均指数性的，那么我们就将之量化为 2 的 $\lambda t$ 次方，其中 t 表示时间，$\lambda$ 即为李雅普诺夫指数。李雅普诺夫指数的单位是每次迭代的比特数，且正指数显示每次迭代之后不确定性平均增长的比特数。系统李雅普诺夫指数的个数和其状态空间中的方向数一样多，亦即是说，与组成状态的分量的个数一样多。为方便起见，它们以降序列出，而第一个李雅普诺夫指数，也就是最大的那个，常称为首项

*李雅普诺夫指数*。20 世纪 60 年代，苏联数学家奥谢列杰茨（Osceledec）证明了李雅普诺夫指数存在于一系列广泛的系统中，并且在许多系统中，*几乎所有初始条件都具有同样的李雅普诺夫指数*。尽管李雅普诺夫指数是由追踪状态空间中系统的非线性轨道来定义的，它们只反映无限靠近那个非线性参照轨道时不确定性的增长，并且只要不确定性无穷小，就几乎无法对预报造成损害。

鉴于通过计算机来计算李雅普诺夫指数需要对无限的时间间隔求平均值，并且把关注局限于无穷小的不确定性，在数学混沌的技术性定义中采纳这些指数会给辨识系统是否为混沌造成压力。但这里有一个好处：恰恰是这些属性使李雅普诺夫指数成为被研究的动力系统稳健的反映指标。我们可以把状态空间拿来拉伸、折叠、扭曲，对它施加任何光滑的变形，李雅普诺夫指数都不会改变。数学家珍视这样的不变性，李雅普诺夫指数因此用来定义系统是否具有敏感依赖性。如果首项李雅普诺夫指数是正的，那么我们就有了无穷小不确定性的*平均指数性增长*，且正的李雅普诺夫指数被视为混沌的必要条件。但是，赋予李雅普诺夫指数稳健性的那些属性同样也令其在数学系统中的测量变得相当困难，甚或在物理动力系统中无法进行。理想状况下，这应该能帮助我们分清数学映射和物理系统之间的区别。

尽管数学上具有吸引力的稳健性使李雅普诺夫指数不可替代，但在量化可料性的问题上，一些其他的量可能更为相关。要想知道火车今天从牛津到伦敦市中心所需的时间，比起将牛津到伦敦的距离除以全英格兰所有曾经运行过的火车的平均时速，获知火车上周此段旅程所需的平均时间可能更为有用。李雅普诺夫指数给了我们平均时速，而加倍时间则给了我们平均时间。因其自身的性质，李雅普诺夫指数在任一特定预报中都极少被用到。

请看图 8（第 59 页）中形形色色的映射：我们如何计算出它们的李雅普诺夫指数或加倍时间呢？我们希望量化在参照轨道附近发生的拉伸（或收缩），但如果映射是非线性的，拉伸量便取决于我们与参照轨道之间的距离。确保不确定性无穷小地靠近轨道规避了这一潜在的难题。对一维系统来说，我们就可以合理地查看每一点处映射的斜率。我们感兴趣的是不确定性如何随着时间倍增。要算出总的倍数，我们得将单个倍数乘在一起。如果我的信用卡账单某一天增长为原来的两倍，第二天又增长为第一天的三倍，那么增长的总量就是原来的六倍，而非五倍。这意味着计算每次迭代的平均倍数要取*几何平均数*。假设不确定性在第一次迭代时增长为三倍，然后为两倍，然后为四倍，然后为三分之一，然后又为四倍：经过五次迭代总共为 32 倍。于是增长为平均每次迭代两倍，这是因为 32 的五次方根为 2，即 $2 \times 2 \times 2 \times 2 \times 2 = 32$。我们对算术平均数不感兴趣：32 除以 5 得 6.4，而不确定性从未在任一天增长那么多。同样需要注意的是，尽管平均增长是每天两倍，实际倍数为 3、2、4、$\frac{1}{3}$ 和 4：增长并不是一致的，其中一天不确定性事实上缩小了。如果我们能就混沌系统中预报的质量打赌，并且对不同的日子下不同的赌金，那么对未来的某些日子我们可能远远更有信心。又一条谬误被戳穿了：混沌并不意味着预测的无望。事实上，如果与某个坚信预测混沌始终是无望的人对赌，你大可以给他们一个教训。

混沌的一些最简单（同时也是最常见）的例子中存在不变的斜率；这个事实导致了混沌始终不可预测这样的以偏概全。回顾图 8（第 59 页）中的六个混沌系统，我们注意到其中四个（"位移映射""帐篷映射""四分映射"和"三倍帐篷映射"）斜率的大小始终不变。另一方面，在"逻辑斯谛映射"和"莫兰–里克映射"中，斜率随着 X 取值的不同而发生极大的变化。由于绝对值小于 1 的斜率表示缩小的不确定性，"逻辑斯谛映射"显示了 X 值靠近 0 或 1 时不确定性在有力增长，以及 X 值靠近 0.5 时不确定性在缩小！"莫兰–里克映射"同样也显示了 X 取值靠近 0 和 1 时（此处斜率的绝对值很大），不确定性在有力增长，以及 X 取中段的高值时（此处斜率接近 0），不确定性在缩小。

我们怎样才能在一个延伸到无限未来的时间间隔内求平均值呢？如同许多数学难题一样，最容易的解决办法是作弊。"位移映射"和"帐篷映射"之所以在非线性动力学中如此受欢迎，原因之一便是其轨道虽然是混沌的，不确定性的放大倍数在每一状态却是相同的。对"位移映射"来说，每个无穷小的不确定性随着每次迭代增长为两倍。因此在时间趋向无限时取一平均值这一看似棘手的任务就变成小事一桩了：如果每次迭代不确定性的增长均为两倍，平均增长必然也为两倍，"位移映射"的李雅普诺夫指数为每次迭代一比特。计算"帐篷映射"的李雅普诺夫指数几乎同样简单：倍数不是正的两倍，便是负的两倍，取决于我们身处"帐篷"的哪一边。负号并不影响倍数的大小，仅仅显示方向已经从左边翻转到右边了，我们忽略这个也不会造成任何问题。李雅普诺夫指数同样为每次迭代一比特。同一招数也适用于"三倍帐篷映射"，但它有一个较大的斜率（等于 3），且李雅普诺夫指数为每次迭代 ~1.58 比特（确切的值为 $\log_2(3)$）。为什么要取对数而不是仅仅谈论"放大的倍数"（李雅普诺夫指数）呢？为什么又是以 2 为底的对数呢？这是出于个人选择，通常可以用与二进制算术的关系、在计算机中的运用、"每次迭代一比特"比起"每次迭代约 0.693147 奈特"更顺口，以及乘以 2 于人类来说相对简单这一事实来解释。

"完全逻辑斯谛映射"的图形显示为一条抛物线，因此在不同的状态时放大倍数随之不同，而我们把一常数取为平均值的招数显然不管用了。怎样才能把极限延伸至无限未来呢？物理学家会做的不过是开启一台计算机，计算许多不同状态下的有限时间李雅普诺夫指数。具体来说，就是计算 X 取不同值时经过两次迭代的几何平均放大倍数，接着是与三次迭代相对应的分布值，再接着是四次迭代……依次类推。如果这个分布值收敛于某个单一的数，那么物理学家可能愿意把它当作李雅普诺夫指数的估值，只要计算结果还算可靠。事实证明，这个分布值收敛得比大数定律所示的还要快。物理学家对此估值很满意，它被证明接近每次迭代一比特。

当然，数学家做梦都不会愿意作出这样的推断。他们看不出有限次数的数值计算（每次计算都是不准确的）和延伸至无限未来的精准计算之间有何相似之处。从数学家的视角来看，即使到了今天，对大多数 α 值来说，李雅普诺夫指数的值仍不可知。但"完全逻辑斯谛映射"是特殊情况，它展示了数学家的第二招：在定义"完全逻辑斯谛映射"的规则中，以 sin θ 来替代 X，通过使用一些三角恒等式，可以证明，"完全逻辑斯谛映射"就是"位移映射"。由于李雅普诺夫指数在这样的数学操作下不会改变，数学家可以借此证明，李雅普诺夫指数确实等于每次迭代一比特，并且在脚注里解释对大数定律的违反。

## 高维中的李雅普诺夫指数

如果模型状态有不止一个分量，那么其中一个分量的不确定性便可能对其他分量的未来不确定性产生影响。这带来了一组全新的数学问题，因为相乘在一起的次序变得举足轻重。我们暂且避开这些难题，先来考察不同分量的不确定性相互不会交叉影响的例子。但要当心，不要忘了这些都是极特殊的例子！

**面包师映射**的状态空间有 x 和 y 两个分量，如图 21 所示。它将一个二维正方形一模一样地映射到自身，其规则如下：

如果 x 小于 0.5：

将 x 乘以 2，得 x 的新值，并将 y 除以 2，得 y 的新值；

若不是，则：

将 x 乘以 2，再减去 1，得 x 的新值，并将 y 除以 2，再加上 0.5，得 y 的新值。

在"面包师映射"中，状态横轴 (x) 分量的任何不确

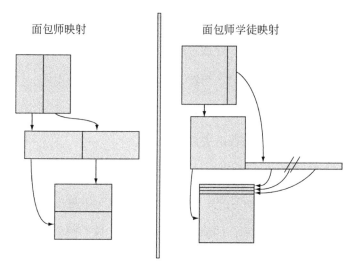

图 21.　显示方块中的点集在经过（左图）"面包师映射"和（右图）一个"面包师学徒映射"的一次迭代之后如何向前演化的示意图

定性在每次迭代时都会翻一倍，而纵轴 (y) 的不确定性则会减一半。由于这对每一步来说都成立，因此平均而言也成立。不确定性的平均加倍时间是一次迭代，而"面包师映射"的一个李雅普诺夫指数为每次迭代一比特，另一个李雅普诺夫指数为每次迭代负一比特。正李雅普诺夫指数对应于增长的不确定性，负李雅普诺夫指数则对应于缩小的不确定性。对每一状态来说，这两个指数的任一个都与一个方向相对应；在这个极特殊的例子里，这两个方向对所有状态都是一样的，因此 x 的不确定性和 y 的不确定性永远不会交叉影响。"面包师映射"本身是经过精心构造的，为了避免一个分量中的不确定性影响另一分量的不确定性所引发的难题。当然，在几乎所有二维映射中，这样的不确定性都会交叉影响，因此我们通常根本就无法计算出任何正的李雅普诺夫指数！

根据图 22 的左栏所示，我们可以理解为什么有人会认为预测混沌是无望的；该栏展示了在这一映射的数次迭代过程中，鼠状集合的演化。但要记住，这个映射是极特殊的例子：假想的面包师揉面的技艺十分高超，可以均匀地在横轴上把面团以两倍拉伸，以使它在纵轴上以两倍收缩，然后再把整块面团回复到最初的单位方块。拿"面包师映射"来和"面包师学徒映射"这个家族的不同成员作比较是十分有用的。如图 21 所示，假想的学徒每个人揉的面都不那么均匀，把方块右边的一小块面团拉伸得过长，而左边的大部分面团则基本没有拉伸。但幸运的是，学徒家族所有成员的技艺都能保证，不把一个分量的不确定性和另一分量交叉混合，因此我们可以计算出任一成员的加倍时间和李雅普诺夫指数。

事实证明，每一个"学徒映射"的首项李雅普诺夫指

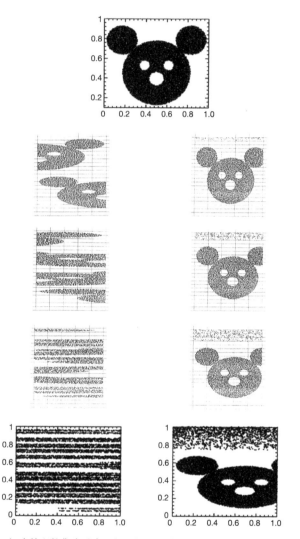

图 22. 初态的鼠状集合（上图），以及"面包师映射"（左图）和"第四号
面包师学徒映射"（右图）下显示这一集合演化的四帧并排对比

数都大于"面包师映射"。因此，如果我们采用首项李雅普诺夫指数为混沌的度量，"学徒映射"中的每一个都比"面包师映射""更加混沌"。考虑到图 22（它并排展示了"面包师映射"和"第四号学徒映射"下点集的演化），这个结论可能会带来一些不安。"学徒映射"的平均加倍时间要比"面包师映射"大得多，尽管其首项李雅普诺夫指数也比"面包师映射"的指数要大。这一点适用于整个"学徒映射"家族，而且我们可以找出一个平均加倍时间大于任一指定数字的"学徒映射"。或许我们应该重新考虑混沌和可料性之间的联系？

**带有缩小不确定性的正李雅普诺夫指数**

只要不确定性小于能够想到的最小的数字，它就几乎不会对预报构成任何实质的限制，并且一旦不确定性增长到可以测量的大小，它的演化便不能通过李雅普诺夫指数以任何形式反映出来。即使在无穷小的情形下，"面包师学徒映射"显示了李雅普诺夫指数对于可料性是一个具有误导性的指标，因为不确定性的增长可以随着系统所在状态的不同而变化。更精彩的还在后头：在经典的洛伦兹1963 年系统中，我们能够证明状态空间中存在这样的区域，那里所有的不确定性在一段时间内将*减小*。如果可以选择何时对预报下注，在进入该区域时下注无疑会提高赌赢的概率。预测混沌系统远非无望，与天真地认为其无望的人对赌甚至可能获利。

在结束对李雅普诺夫指数的讨论前，要再提醒一句：尽管不确定性既不增长也不缩小的方向意味着李雅普诺夫指数为 0，反过来却不能这么说。李雅普诺夫指数为 0 并不意味着没有增长的方向！还记得伴随斐波那契兔子的指数讨论吗？即使像时间的平方这样快速的增长也比指数要慢，最终导致为 0 的李雅普诺夫指数。这是数学家如此迂腐地坚持要把极限远远设在无限未来的原因之一：如果我们考虑的是一段很长但有限的时间，那么*任何放大都意味着正李雅普诺夫指数*——指数性的、线性的，甚或比线性还慢的增长在任意有限的一段时间内得出的放大倍数都会大于 1，而大于 1 的任何数的对数都是正的。计算混沌的统计数据会是很棘手的事。

### 了解相关不确定性的动力学

如上所述，无穷小的不确定性不会给我们的预报带来什么麻烦；一旦不确定性大到能够测量，其确切大小的详情和状态在状态空间中所处的位置就会开始起作用。数学家至今没有找到追踪这些不确定性的好办法；这些不确定性虽微小但可察，理所当然地与真实世界的预报紧密相关。我们的最优做法就是取初态的一个样本，称为集合，令集合与模型动力学和观测噪声都保持一致，然后观察集合如何在未来扩散。对 21 世纪的"拉普拉斯妖"来说，这就足够了：由于其拥有系统和噪声的完美模型、延伸至遥远过去的先前状态的带噪声观测结果，以及随时可得的无限计算能力，集合将能准确反映未来事件的概率。鉴于可得的带噪声观测结果，如果四分之一的集合成员显示明天有雨，那么明天就真的会有 25% 的下雨概率。减少噪声可以提高"拉普拉斯妖"确定将来何事更可能发生的能力。混沌对它不构成真正的障碍。它对当下没有把握，但能把不确定性准确地映射到未来：谁还能要求更多呢？然而，模型并不是完美的，而且计算资源也是有限的；在第九章中，我们将会对比我们自身必须面对的不足和那个"拉普拉斯妖"能容许的不确定性。

非线性系统的大千世界并不仅仅包括混沌。不确定性越小、系统行为越可控这样的情况并不是一定的。还有比混沌更糟的事物：可能会出现这种情况，即不确定性越小，它的增长反而越快，最终导致无穷小的不确定性在仅仅有限的一段时间后就暴涨为有限的大小。这并不像听起来的那样耸人听闻：流体动力学的基本方程是否表现出这种比混沌还糟的行为现在还没有定论。这是少数几个答案价值连城的数学问题之一！

第七章

# 真实的数字[1]、真实的观测结果，以及计算机

1  real number 在数学里指"实数"（即无限小数），下文有讨论。但此处和本章最后一段中，作者是在使用"真实的数字"这个含义，质问"真实"是什么。

数学家小心翼翼地定义无理数。物理学家则从未遇到如此定义的数字……数学家一碰到不确定性就瑟瑟发抖，并且试图忽略实验误差。

——莱昂·布里渊（Leon Brillouin，1964 年）

本章我们将考察数学模型中的数字、真实世界中测量得到的数字和用于数字计算机内部的数字这三者之间的关系。混沌研究有助于澄清区分这三类数字的重要性。我们所说的这些不同类别的数字究竟是什么意思呢？

完整的数字为整数。测量诸如"花园中的兔子数量"这样的事物时，很自然地会用整数来表示；而且只要数字不是太大，计算机可以用整数进行准确的数学计算。但是碰到诸如"这张桌子的长度"或"希思罗机场的温度"这样的事物怎么办？它们似乎不必非得是整数，而且可以顺理成章地把它们设想为用实数（即十进制小数点右边可以有一串无限长的数字，或者二进制小数点右边有一串无限长的比特）来表示。这些实数在真实世界中是否存在呢？有关争论古已有之。不过有一点很清楚："采集数据"的时候，我们仅仅"保留"整数值。测量"这张桌子的长度"时，如果记录下的数字为 1.370，乍一看，这一测量结果并非整数，但是我们将它乘以 1000 后就可以转化为整数。在测量诸如长度、温度这样的量时，任何时候如果只能得到有限精度（实践中情况总是如此），测量结果都可以用整数来表示。事实上今天我们的测量结果几乎总是以这种方式来记录的，因为我们往往使用数字计算机来记录和处理数据，而数字计算机总是把数字储存为整数。这即是说，在物理概念的长度和测量结果的长度之间存在着脱节；类似的情况也存在于使用实数的数学模型与相应的只容许整数的计算机化模型之间。

当然，真正的物理学家绝不会说"这张桌子的长度是 1.370"，他们会说什么"长度是 1.370±0.005"之类的，目的是要量化由于噪声带来的不确定性。这就涉及了噪声模型。根据钟形曲线产生的随机数毫无疑问是最常见的噪声模型。我们都知道为了应付学校里的自然科学课程，必须加上"±0.005"这样的东西。在我们通常看来，这就是个麻烦的累赘，但是它究竟有什么含义呢？测量结果所测量的究竟是什么呢？究竟有没有一个精准的数字对应于桌子的"真"长度或机场的"真"温度，只是这个数字受到了噪声的掩盖和记录时的截断？还是说它不过是虚构出来的，是科学创造了存在某个精准数字的信念？混沌研究澄清了不确定性和噪声在评估我们的理论时扮演的角色，它们指出了弄明白"真"值是否可能存在的新方法。当前情况下，我们暂且假设"真"值是存在的，只不过看不清而已。

## 0 真的很重要 [1]

那么，到底什么是观测结果呢？还记得斐波那契神秘的花园中，每月兔子数量构成的我们的第一个时间序列

---

[1] 此处作者故意改变了 nothing 的含义，把通常所指的"没有什么"改为"0"；根据下文，题目的正确读法应该是 zero really matters，即"0 真的很重要"。

吗？在那个例子中，我们知道花园里兔子总的数量。但是在大多数种群动力学的研究里，没有如此完整的信息。假设我们研究的是芬兰田鼠的种群。我们布下陷阱，每天检查，捉到后又放掉猎物，并且记录下每天捉到田鼠数量的时间序列。这个数字与芬兰每平方公里田鼠的数量有某种关联，但究竟是怎样的关联呢？假设观测到今天陷阱里的田鼠数量为 0，这个"0"意味着什么呢？今天这个森林里没有田鼠？今天斯堪的纳维亚半岛没有田鼠？还是田鼠都灭绝了？陷阱里的"0"可能意味着以上任一情形，也可能意味着以上任一情形都不对，因此它表明的是在建立测量结果与模型的关联时，我们必须应对的两种截然不同的不确定性。第一种不确定性简单来说就是观测噪声：举个例子，数错了陷阱里田鼠的数量；或者是发现陷阱满了，因此留下这样一种可能性，即如果陷阱更大些，那么当天清点的田鼠数量可能更多。第二种不确定性称为*表示误差*：模型考察的是每平方公里的种群密度，但我们测量的是陷阱里的田鼠数量，因此测量结果不能表示模型使用的变量。这是模型的缺陷还是测量结果的缺陷呢？

如果把错误的数字输入模型中，可以认定输出的结果必定也是错误的数字：垃圾进，垃圾出。但看起来情形似乎是，模型要求一种类型的数，而观测结果提供的是带噪声的另一种类型的数。在目标变量（温度、气压、湿度）被认为是实数的天气预报的例子中，不能认定观测结果确切地反映了真值。这说明我们要寻找的模型其动力学应当与观测结果一致，而不是把观测结果和模型状态当作多少是同一回事，并试图去测量模型某个未来状态和对应的目标观测结果之间的距离。预报线性系统的目标是将这一距离（即预报误差）最小化。预报非线性系统时，厘清与这个量紧密相关的各类不同事物十分重要，包括观测中的不确定性，测量结果数字的截断，数学模型、数学模型的计算机模拟及实际生成数据的无论什么东西这三者之间的差异。我们先来考察用数字计算机来计算动力学时会发生什么。

**计算机和混沌**

回忆一下数学混沌的三个必要条件：它们分别是决定论性、敏感依赖性和常返性。计算机模型的决定论性可以说是过了头。敏感依赖性反映了无穷小量的动力学，可是在任意一台数字计算机上，两个数字之间的距离都是有一定极限的；超过这一极限，计算机就完全看不出二者之间的差别，会把它们当作同一数字来处理。这里没有无穷小量，没有数学混沌。计算机无法显示混沌的另一原因来自这样一个事实：任意一台数字计算机的存储容量都是有限的。每一台计算机的比特数量有限，因此不同内部状态的数量也有限，最终计算机必须回复到曾经所处的状态。在这之后，由于其决定论性，计算机只能绕着圈子作循环，永远不断地重复之前的行为。这一命运避无可避，除非某个人或某个外力干预数字计算机本身的动力学。一个简单的纸牌戏法能很好地说明这一点。

这对"逻辑斯谛映射"的计算机模拟来说又意味着什么呢？在这一映射的数学版本里，迭代 0 到 1 之间的几乎任一 X 值，它所产生的时间序列绝不可能包含同样的 X 值两次，不论我们考察多少次迭代。随着迭代次数的增加，至今观察到的最小 X 值会慢慢地越来越靠近 0，但永远不会真正等于 0。对"逻辑斯谛映射"的计算机模拟来说，在 0 到 1 之间只有大约 $2^{60}$ 个（即大约百亿亿个）不同的 X 值，因此计算机产生的时间序列最终必定包含两个一模

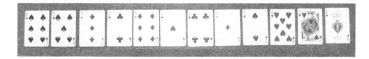

图 23. "计算机不能制造混沌"的两种纸牌戏法发牌方式；如果这副牌的张
数足够多，即便如上方小图那样将牌排成一列，每个人也总归会落
到同一张牌上

一样的 X 值，并陷入无穷尽的循环。这样的情况发生之后，

最小的 X 值再也不会减小，而沿着这个循环的任何计算，

不论是 X 的平均值还是映射的李雅普诺夫指数，反映的

都是这一特定循环而不是原来数学映射的特征。不论数学

系统会做什么，计算机轨道都变成了*数字周期性的*。对所

有的数字计算机来说，情况都是如此。计算机不能制造混沌。

## 纸牌戏法和计算机程序

请一位朋友在 1 到 8 之间选个数字，不要说出来，然后如图 23 所示发牌。把人头牌算作 10，爱司牌算作 1，请这位朋友按照保密的数字数牌，并将遇到的牌当作新的数字。如果她的数字是 1，那么她会遇到黑桃 6，而新的数字 6 会让她遇到梅花 4；如果她原初的数字是 3，那么她会遇到方块 3，然后是红心 A，依次类推。按照图 23 自己试一下，并在遇到红心 J 时停下来。我怎么知道你会遇到红心 J 呢？这与计算机不能显示混沌有着相同的原因。每个人最终都会遇到红心 J。

这和计算机有什么关系呢？数字计算机是有限状态的机器：其内部定义现行状态的比特数量有限。机器现行状态中隐藏的编码规则决定了下一状态会是什么。在扑克牌戏中，每个位置有十个可能的值。如果拿到两张不同牌的牌手在进行的过程中遇到了同一张牌，从那时起，他们的牌就会保持相同。除非极为小心，不然计算机两个相邻的状态会以同样的方式坍塌。现代计算机有着更多不同的选择，但是数量始终有限，因此最终其配置（某一内部状态）总会与先前的相同；在此之后，它会在同一个循环中永远往复。纸牌戏法的奥秘与此类似：每个人开始时都有自己原初的数字，并且不断地更新向前。可一旦这样的两条路径汇聚到同一张牌上，此后它们就永不分离了。就桌上这些特定的牌而言，每个人都会遇到红心 J；而除非是从黑桃 A 自身开始，否则没人会遇到这张牌。要弄明白这点，试从每个数值开始。如果选 1，那么遇到的会是 6，然后是 4，再然后是 J；选 2，遇到的是 5，然后是 4，再然后是 J；选 3，遇到的是 3，然后是 A，然后是 4，再然后是 J；选 4，分别是 2、A、4，然后是 J；选 5，是 6 和 J；选 6，是 A、4 和 J；选 7，是 4 和 J；选 8，是 A、2 和 J。所有的数值最终都通向 J。把纸牌摆成一圈，我们就有了个有限状态的机器，每个起点最终必然通向周期循环，但是有可能不止一个循环。

　　把纸牌投影到屏幕上，便可以面向更多的观众来展示这个戏法。自己挑选一个数字，接着发牌，直到你认为每个人的牌都已经收敛了。在此例中，接下来请遇到红心 J 的观众举起手来。当观众意识到他们手里都是同一张牌时，脸上露出的惊喜表情真是很让人满足。如果把这副牌值限制在更小的数上，这个过程会收敛得更快一些。如果洗牌时动点手脚，以便更快地收敛，你会怎样安排纸牌的顺序呢？

可能存在不止一个数字周期性的循环。洗一副牌，将其中一些牌摊成一个大圆，第一张牌与最后一张牌首尾衔接。确定每一张牌落在哪个循环里，列出清单，最后这个清单包含了所有的循环。哪一个牌数更多呢？是确实落在循环上的牌数还是处于暂态的牌数？洗牌后重复这个实验，看看循环的数目和长度是怎样随着发牌数的不同而改变的。以同样的方式人为改变计算机用来确定每个 X 值的比特数量，就等于把计算机变成了检验映射的精细数字结构的数学显微镜，它利用计算机动力学来研究包含多到数不清的计数格个数的尺度。

## 现实的影蔽

> 现实是当你停止相信时，它也不会走开的存在。
>
> ——P. K. 迪克（P. K. Dick）

哲学家和物理学家面对这样的结果深感不安。如果计算机不能反映数学模型，我们怎么才能确定数学模型是否反映现实呢？如果计算机连"逻辑斯谛映射"这样一个简单的数学系统都无法实现，我们怎么才能评估比这要复杂得多的天气和气候模型背后的理论呢？又怎么把数学模型拿来和现实相比较呢？模型欠缺的问题比初态中不确定性的问题还要严重。

模型欠缺的一个检验方法，是选取已有的观测结果，并且看看模型能否生成一个与已有观测结果相近的时间序列。如果模型是完美的，至少有一个初态会影蔽我们选取的任何时长的观测结果；这里的**影蔽**是指模型时间序列和观测时间序列之间的差异与噪声模型相一致。这确立了噪声模型比以往高得多的地位。在模型不完美的时候，我们仍然认为影蔽会出现吗？如果模型是混沌的，就长期来说是不会的：我们可以证明没有影蔽轨道存在。噪声不会走开，即便我们不再相信它。存在缺陷的混沌模型中，噪声阻止了一个对模型和观测结果之间的差异前后一致的描述。模型误差和观测噪声密不可分地纠缠在了一起。如果观测结果、模型状态和真实数字真的分属不同类型的数，就像苹果和橘子 [1]，那么我们从其中一个减去另一个，这究竟是在干什么呢？要寻求这个问题的答案，我们必须首先更多地了解混沌的统计数据。

---

[1] "橘子"(oranges)和"猩猩"(orangutans)拼写相近,原文用"苹果"与"猩猩"作比,而非"苹果"与"橘子",更能凸显不同类型的数之间的差异。译文舍去此中转折。

第八章

# 抱歉，数字错了：统计与混沌

我现在还没有数据，没有数据就先作推测是个大错误。

——福尔摩斯对华生说的话，

出自阿瑟·柯南·道尔（A. C. Doyle）的《波希米亚丑闻》

混沌对统计估计构成了新的挑战，但是，看待这些挑战应该通盘考虑统计学家数百年来所应对的问题。分析出自模型本身的时间序列时，我们可以从统计的角度和良好统计实践的基本法则中收获不少洞见。然而物理学家在比较混沌模型和真实世界观测结果的时候，面临"苹果和橘子"的难题；这将统计的角色置于相对陌生的语境中。对混沌系统的研究已经阐明了情势究竟有多晦暗不明。即便是在如何根据带噪声的观测结果估计某一系统现行状态的问题上，都存在着分歧，这一点甚至在我们还未开始前就对是否能够作出预报造成了阻碍。若是这个领域取得了进步，则一系列迥然相异的议题，从预见明天的天气到影响50年后气候的变化，都会结出果实。

## 极限的统计和统计的极限

试考虑估计某个特定的统计量，比如全人类的平均身高。在"全人类"的人口定义问题上可能出现分歧（于2000年1月1日在世的人口？今天在世的人口？所有曾经活在这个世界上的人口？……），但我们还不必为此分神。既然这一人口当中每个成员的身高切实存在，那么一个明确的数值便也切实存在，我们只是不知道这个值是什么。取自样本人口的平均身高称为样本均值。尽管统计学家在该数值与期望的所有人口均值的关系问题上存在意见分歧，所有人即都认可这个值。（嗯，是几乎所有人都认可。）但是，样本李雅普诺夫指数则不同。我们尚不清楚混沌的样本指数是否可以通过任何合理的方式独一无二地加以定义。

这里面有若干原因。首先，计算分形维数、李雅普诺夫指数等混沌的统计量需要取的极限长度小到难以觉察，极限时间间隔则无限长。这样的极限不可能依据观测结果得出。其次，混沌研究已经为我们提供了根据数据制作模型的新方法，这些方法无需准确说明究竟是如何建模的。不同的统计学家根据同一数据集可能得出大相径庭的*样本统计*，这一点使混沌的统计大大有别于样本均值。

## 混沌改变了"优质"的含义

许多模型都含有"自由"参数，也就是说，我们尚不知道准确数值的不同于光速、冰点这样的参数。那么，在模型中我们怎样给出参数的最优值呢？如果模型的目的是为了作出预报，要是某个其他的参数值能够提供更好的预报，我们为什么要采用来自实验室或某个基本理论的数值呢？为混沌系统建模甚至已迫使我们重新评估，并且可以说重新定义"更佳"这个词。

在弱版本的完美模型情景中，该模型与生成数据的系统有着别无二致的数学结构，只是我们不知道"真"参数值是什么。假设我们知道数据是由"逻辑斯谛映射"生成的，却不知道 $\alpha$ 值。在此例中，有一个相当明确的"最优"：生成了数据的参数值。如果拥有一个观测不确定性的完美噪声模型，考虑到过去带噪声的观测结果，我们如何才能提取可用于明天的*最优参数值*呢？

倘若模型为线性，则几个世纪以来的实践和理论知识表明，最优参数是其预测最接近目标的值。这里我们得小心，不要过度调整模型，以免新的观测结果无法使用，但这个问题是统计学家早已熟知的。只要模型是线性的，且观测噪声得自钟形分布，我们便有一个本能地具有吸引力的标的，也就是，极小化预报与目标之间的距离。距离是以通常的最小二乘法定义的：基于状态每一分量中差的平方和。随着数据集的增大，估计的参数值会越来越靠近生成数据的参数值；当然，这是在假设线性模型确实生成了数据的情况下。但是，倘若模型为非线性呢？

遇到非线性的情况，我们几个世纪以来积累的直觉即使算不上是障碍，也可说是干扰。最小二乘法甚至会害得我们偏离正确的参数值。未能就这一简单事实作出应对，这对科学建模产生的负面影响可没法轻描淡写地蒙混过去。虽然有许多警讯表明结果可能出错，但因为没有任何显见的燃眉之急，加之原方法又简单易行，它们因此经

常（误）用于非线性系统中。预测混沌则使这种危险清晰
可见：假设我们有得自 α = 4（然而我们本身并不知情）
的"逻辑斯谛映射"的带噪声观测结果，即便有一个无穷
大的数据集，最小二乘法也会得出过小的 α 值。这并非由
于数据太少或计算能力太弱，而是因为根据线性系统发展
出来的方法在应用于非线性系统时，给出了错误的答案。
在估计非线性模型的参数时，统计的顶梁根本撑不住。忽
略数学细节又期望最优结果，这样的做法只会在实践中引
发堪称灾难的状况：最小二乘法成立的数学基础是假定初
态和预报两者的不确定性皆为钟形分布。在线性模型中，
初态不确定性的钟形分布导致了预报不确定性的钟形分
布。然而，非线性模型的情况并非如此。

这一结果至关重要，但往往被忽略。即便如今，非线
性模型的参数估计也缺少一个一致的、适用的法则。混沌
研究愈加凸显了这一事实。最近，西澳大学的应用数学家
凯文·贾德（Kevin Judd）提出，非线性系统中已知观测
结果的条件下，不但最小二乘原理，而且最大似然概念都
是不可靠的向导。这并非说问题无解：21 世纪的"拉普拉
斯妖"已能非常准确地估计 α 值，但并不是使用最小二乘

法，而是应用影蔽。现代统计学面对非线性估计的挑战毫无惧色，至少在模型的数学结构正确时，情况确实如此。

## 谎言，该死的谎言，以及维数估计

> 一位年轻学生曾经动过心思，
>
> 要把分形的维数定量来算计。
>
> 然而数据点并非免费，
>
> 而且需得有 42 个，
>
> 因此她只能靠眼睛把它盯死。
>
> ——对詹姆斯·泰勒（James Theiler）的戏仿

虽然马克·吐温（Mark Twain）可能会喜欢分形，但他无疑也痛恨维数估计。1983 年，彼得·格拉斯贝格尔（Peter Grassberger）和伊塔马尔·普罗卡恰（Itamar Procaccia）共同发表了题为《测量奇怪吸引子的奇怪性》的论文，它随后为数以千计的科学论文所引用，其中大多数不过是引用了五六处。产生自混沌研究的思想是如何从物理学和应用数学，到每一科学类别，在不同学科间传播的呢？利用这些引文来考察这个问题倒不失为一件趣事。

这篇论文提供了一种很吸引人的简单方法，用来从时间序列估计混沌系统优质模型的状态需要的分量个数。这个过程中有许多清楚标识的陷阱。尽管如此，很多（即便不是大部分）对真实数据的应用很可能就藏在这样或那样的坑底。维数在数学上的稳健性使得人们不惜一切代价想要捕捉到它：一个对象纵使拉伸、折叠、蜷曲成球，甚或削切成无数薄片，再粘回成原来的样子，也不会改变其维数。正是这种韧性，事实上需要海量的数据集才有一线希望得出有意义的结果。遗憾的是，这一过程往往得出错误的结论，而通过度量低维来找出混沌则广为流行。这两者结合绝非幸事。识别低维动力学和混沌的兴趣是由一个数学定理引发的；这个定理表明，在即使不知道方程的情况下还是有可能预测混沌的。

## 塔肯斯定理与嵌入法

20 世纪 80 年代，以帕卡德（Norm Packard）和法默（Doyne Farmer）为代表的加利福尼亚物理学家的理念，经由荷兰数学家塔肯斯奠定数学基础，使时间序列分析的版图得以重新绘制。有了这样一个基础，分析时间序列并作出预报的新方法迅速涌现。塔肯斯定理告诉我们，若取维数为 d 的状态空间中演化的决定论性系统的观测结果，则于一些非常松散的限制条件下，在以*几乎每个*单一测量函数（观测结果）定义的延迟空间中，有一个几乎相同的动力学模型。假设原初系统的状态有 a、b、c 三个分量，则根据该定理，可以从这三个分量中任一个的观测结果的时间序列，构筑整个系统的模型。这一点在图 24 中用真实的观测结果得到了阐明：譬如仅取 a 作测量，建一个分量为现在和过去 a 值的向量，得出其中可以找到等价于原初系统的模型的*延迟−重构*状态空间。当进行延迟−重构时，我们称之为*延迟嵌入*。"几乎每个"的限制条件是为了避免在观测结果之中选择一个极其糟糕的时间周期。打个比方：如果只在正午时观察天气，就会对夜间发生的事毫无概念。

塔肯斯定理将预测问题从时间上的外推转变为状态空间中的内插。在数据流的终止端接收数据的传统统计学家试图预报未知的将来；而塔肯斯定理则把物理学家放置在

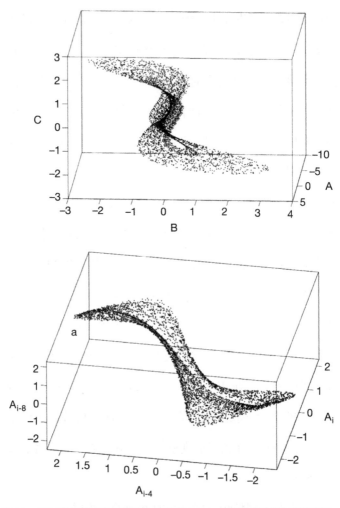

图 24. 显示塔肯斯定理可能对马切特（Machete）电路的数据有用的图解；
这一电路经过精心设计，旨在产生的时间序列类似于摩尔-施皮格
尔系统的那种。下图是由一次测量产生的延迟重构，上图则勾画出
三个不同的同一时间测量值；下图与上图的分布有些相似。试比较
这两幅图与第 97 页图 14 的下图

一个试图在先前观测结果之间进行插值的延迟嵌入状态空间中。这些洞见影响的可不只是基于数据的模型；在较低维数吸引子上演化的复杂高维数值模拟模型也可能依照维数低得多、基于数据的模型建模。原则上，我们同样可以对这个较低维数空间的方程求积分，但在实践中，我们建立的是高维空间物理模拟的模型。我们有时能够证明较低维数动力学的出现，但却对在相关低维空间建立方程毫无头绪。

在比较图 24 和图 14 时，我们清楚地看到，这一电路的观测结果"看起来像是"摩尔–施皮格尔吸引子；然而，其相似度究竟有多高呢？每个物理系统皆有不同。在缺少数据，更缺乏了解时，统计模型往往为预报提供了宝贵的起点。随着了解的深入和数据的进一步搜集，模拟模型常常表现出和观测结果的时间序列"相似"的行为。而当模型变得越来越复杂时，这种相似性则经常更多地显示在定量上。遇到像该电路这样观测结果持续时间很长的少数情况，基于数据的模型（包括由塔肯斯定理得到的那些）看起来似乎常常提供了定量上最优的匹配，几乎就像模拟模型是根据某个完美的电路或行星建模的，而基于数据的模型更接近于反映面前的电路。以上情况不管哪一种，我们只看到相似性；无论采用统计模型、模拟模型，抑或延迟-重构模型，描述物理系统的任意模型方程的意义皆不明确。这在最优模型为混沌的物理系统中一再出现；我们想令模型在实证上经得起推敲，却并不总是能够找到改进模型的方法。面对诸如地球大气等系统，我们没法耐心地等待所需的观测结果持续的时间。混沌研究表明，最好是综合这三种建模方式，但至今尚未有任何结果。

对塔肯斯定理存在几种常见的误解。其一为，如果出现若干同一时间的观测结果，*只能采用其中一个*；其实，塔肯斯是允许我们全都采用的！其二为，忘记了塔肯斯定理只是说，*如果存在低维决定论性动力学*，*那么其很多属性保存在延迟-重构中*。我们必须小心，不要颠倒"如果……那么……"关系，不能假设在延迟-重构中看到某些属性就必然推导出原初系统的混沌。因为我们极少知道，甚或永远不知道所观察系统的"真"数学结构。

塔肯斯定理告诉我们，由*几乎任一*测量都能进行延迟-重构。这里可见数学家的函数空间里"几乎任一"与真实世界的实验室里"任一都不"的对照。截断到有限的比特数违背了该定理的一个假设。况且还有测量中观测噪声的问题。某种程度来说，这些只是技术问题；延迟-重构模型仍旧可能存在，统计学家和物理学家也可以在对数据流的现实约束条件下迎接对模型取近似的挑战。另一个问题的解决则面临更大的困难：观测结果的持续时间需要超过一般常返时间。很可能所需的持续时间不仅要比当前的数据集长，甚至比系统自身的生命周期还要长。这是个具有哲学影响的基本约束条件。我们需要花多长时间才能等到天气观测结果如此相似，以至于无法分出不同的两天呢（也就是说，地球大气相应状态的差异在观测不确定性的范围之内的两天）？大约要 $10^{30}$ 年。这已经几乎算不上是技术限制了：在此时间尺度上，太阳将会膨胀为一颗红巨星，蒸发掉地球，而宇宙甚至可能在大挤压中崩坍。这样一个要求观测结果的持续时间超过系统生命周期的定理，其深远影响还是交给哲学家来思考吧。

在诸如一系列轮盘赌游戏等其他系统中，相似状态观测结果之间的时间间隔可能要短得多。从数据流中寻找维数正慢慢为从数据流中建模的尝试所取代。据推断，构建一个优质模型所需的数据几乎总是要比获取一个准确的维数估计所需的数据要少。这是证明关注动力学比关注估计统计量可能更有利可图的又一证据。不管怎样，构建这些基于数据的新模型产生的兴奋之情已将许多物理学家带进了曾经基本上属于统计学家的领地。在经历了四分之一个世纪后，塔肯斯定理的一个重大影响就是把统计学家为动力系统建模的方法与物理学家的方法融合起来。事物仍在演化当中，这两者之间真正的综合尚未出现。

## 替代数据

处理非线性系统统计估计的难题已经激发了利用"*替代数据*"进行的新的统计显著性检验。科学家利用替代数据发起系统性的尝试，去推翻他们最青睐的理论，废除他们最珍视的成果。虽然并不是每一个结论都会因为经受住了检验未被颠覆而更具生命力，但是了解一项成果的局限性总是一件好事。

替代数据检验旨在生成这样一种时间序列，它们看似观测到的数据，实际上却是来自已知的动力系统。关键在于，已知该动力系统不具有人们期望探测到的属性：我们是否能够把同样的分析施用于观测到的数据，又施用于许多替代数据集，以此剔除看似大有希望，实则并非如此（称为假阳性）的结果呢？我们从一开始就知道，替代数据只能显示假阳性，因此如果观测到的数据集不能轻而易举地跟替代者区分开来，那么分析就没有什么实际意义。在实践中这意味着什么呢？这么说吧，假设我们期望"探测到混沌"，而我们估计的李雅普诺夫指数为 0.5：这个值远远大于 0 吗？如果是这样，那么我们就有了混沌成立条件之一的证据。

当然，0.5 是大于 0 的。我们想要回答的问题是，如果系统（i）产生的是看起来相似的时间序列，并且（ii）其真正指数实际上并未大于 0，那么估计的指数的随机涨落有可能达到 0.5 吗？我们可以生成一个替代时间序列，并且估计这个替代数列的指数。实际上，我们可以生成1000 个各不相同的替代序列，得出 1000 个各不相同的指数。如果替代序列得到的几乎所有 1000 个估值都远远小于 0.5，那我们或许可以对结果感到安心；但如果对替代数据的分析常得出大于 0.5 的指数，那就很难证明对真实数据的分析为李雅普诺夫指数大于 0 提供了证据了。

## 应用统计学

当然，在必要时，铁锤也可以用来钉螺钉。旨在分析混沌系统的统计工具可以成为检视非混沌性系统观测结果的新的有用方式。数据没有来自混沌系统并不意味着这样的统计分析不包含宝贵信息。对许多时间序列的分析，尤其是在医学、生态学和社会学领域，就可能归属这一范畴；它们可以提供有用信息，而这些信息是无法依靠传统统计分析获得的。良好的统计惯例可以保护我们避免被主观意愿所误导，所获的洞见也可在应用中证明其价值，不论它是否建立起了数据流混沌的凭证。

将一批带噪声的观测结果转化为原初模型-状态的集合，这称为数据同化。在完美模型情景内部，有一个我们可以逼近的"真"状态，而且考虑到噪声模型，会有一个虽只有21世纪的"拉普拉斯妖"能够获得，但我们仍可以致力于逼近的完美集合。但在所有真实的预报任务中，我们试图通过利用数学系统或计算机模拟来预测真实的物理系统。完美模型假设从未得到证实，并且几乎总是错误的：在此情况下，数据同化的目标是什么呢？在此情况

下，对与现实对应的模型状态作出估计时，并非只是我们
得到了"错误的数字"这么简单，而是根本不存在可以识
别的"正确的数字"。模型的不足看似令概率预报也变得
遥不可及。用存在缺陷的模型来预报混沌系统的尝试促成
了新的方法，这些方法探索如何对存在缺陷的模型呈现的
多样化行为加以利用。要取得进步，我们就绝不能混淆数
学模型、计算机模拟和提供观测结果的真实世界的界限。
下一章，我们来讨论预测的问题。

第九章

# 可料性：混沌能够约束预报吗？

我有两次被［议会议员］问到："巴比奇先生，请问，如果给机器输入错误的数字，是否会得到正确的答案？"究竟是何种概念的混淆才能引发这样的问题，我表示无法理解。

——查尔斯·巴比奇（Charles Babbage）

我们输入机器的，总是错误的数字。混沌研究把我们的兴趣重新聚焦在这样一个问题上："正确的数字"到底存在与否？预测允许我们以两种不尽相同的方法来考察模型和真实世界两者之间的联系。我们可以检验模型在短期内预测系统行为的能力，比如天气预报。或者，在决定如何改变系统自身时，我们可以运用模型；这里我们是在试图改变未来本身，使其朝着有利的或至少不那么有害的行为发展，正如利用气候模型来决定政策时。

对于"拉普拉斯妖"来说，混沌不会造成任何预测问题：如果拥有精确的初始条件、完美的模型，以及进行精确计算的能力，这只"妖"就能够像追踪周期系统一样，在时间中准确地向前追踪混沌系统。21世纪的"拉普拉斯妖"拥有一个完美的模型，可以进行精确的计算，却受到不确定的观测结果的限制，即便按规则的间隔将时间延伸至无限遥远的过去也是如此。其结果是，这只"妖"不能使用这些基于过去的观测结果来识别现行状态。但是，在已知观测结果的情况下，它状态的不确定性确实能够得到完全的表示。有些人将之称为状态的客观概率分布，不过我们还不必走得那么远。这些事实的影响是多方面的：即使拥有决定论性系统的完美模型，这只"妖"最多也仅能作出概率预报。我们无法做得更多，这也意味着我们将不得不对决定论性模型采用概率估计。但是所有这些"妖"都存在于完美模型情景内部，我们要想对真实世界作出诚实预报，就必须放弃完美模型和无理数这样的数学虚构。如果不能清楚地表明我们已经这样做了，那么就是在招摇撞骗。

## 预报混沌

> 千万别相信那些作弄人的妖魔，
>
> 他们的含混话让我们太费思量。
>
> 初听大有希望，最后大失所望。
>
> ——《麦克白》（第五幕）[1]

　　即使他们的预报从技术角度来说被证明是准确的，那些敢于作出预测的人长久以来也一直受到批评。莎士比亚戏剧《麦克白》的中心，就是这样一些虽就某种技术角度而言可称准确，但缺乏有效决策支持的预言。当麦克白质问三女巫所为何事的时候，她们的回答是："事虽有，却无名。"数百年后，菲茨罗伊船长杜撰出了"预报"一词。总是存在这样一种可能性，即一项预报从建模者的视角出发其内部是一致的，但却是对使用预报者期望的一种主动误导。这便是麦克白对三女巫控诉的根源：她们不断提供令人鼓舞的佳音，看似指向一条光明的康庄大道。每一次预报不可否认是准确的，却并未带来什么美好前景。当代

---

1　摘自辜振坤先生《麦克白》译文（外语教学与研究出版社，2015）。下同。

的预报员把数学模型内部的不确定性解释为好像反映了真实世界中未来事件的发生概率，那么他们能指望避免说话时*语带双关*的指控吗？他们也像麦克白指责的那样，对概率预报谨慎措辞，其实心里完全清楚，混沌的借口会令我们无暇顾及完全不同的事态吗？

## 从准确性到问责性

如果无法清晰地描述当前的境况，我们也就无从责怪预报员没能为最终的结局提供清晰的图景。但是，我们可以期望模型告诉我们，对初态的了解究竟要准确到何种程度，才能保证预报误差低于某个目标水平。如果已知一个足够准确的初态，我们是否能把噪声降低到那个水平呢？最好的情况是，这个问题不牵扯模型预报的能力。

在理想状态下，模型能够产生影蔽，即存在某个可以迭代的初态，其最终生成的时间序列与观测结果的时间序列保持接近。我们必须等拿到观测结果之后才能看出影蔽是否存在，且"接近"与否是由观测噪声的属性来决定的。但如果没有能够产生影蔽的初态，那么模型从根本上就是不足的。另一方面，如果存在一条影蔽轨道，就会有很多条。所有早前至今已产生影蔽的现行状态所组成的集合可以视为不可区分，也就是说，即便其中有"真"状态，我们也无法识别。同样，我们也无法知道它们中哪一个在向前迭代而形成预报时，会继续产生影蔽。但能聊以自慰的是，我们知道预报的典型影蔽时间始自这些不可区分的状态中的一个。

很容易就可以看出，我们的发展方向是集合预报，此集合预报是基于把影蔽了至今为止的观测结果的状态作为候选状态（初态）集。20世纪60年代，在意识到如果初态存在缺陷，即便完美的模型也无法得出完美的预报之后，哲学家卡尔·波佩尔（Karl Popper）给问责模型下了个定义，即能够量化初始不确定性需要多小的界限，以此保证预报误差的特定期望极限的模型。确定初始不确定性的这一界限，对非线性系统来说要比线性系统困难得多，但我们可以推广一下问责性的概念，利用它来评估集合预报是否合理地反映了概率分布。集合的成员数目始终是有限的，所以由此构建的任何概率预报也遇到了有限分辨率这一问题：如果集合预报有1000个成员，那么大多数事件发生的概率为 0.1%[1]，但我们知道很可能会错过发生概率仅有 0.001% 的事件。如果集合能够告诉我们这个集合需要多大才能捕捉到给定概率的事件，我们便把该集合预测系统称为是*问责的*。问责性必须由许多预报进行统计评估，但这是属于统计学家的看家本领。

　　21 世纪的"拉普拉斯妖"能够作出问责预报：它无法知道未来，但是未来不会出乎它的意料。不存在不可预见的事件；不同寻常的事件将会以预期的频率发生。

## 模型的不足

　　有了完美的模型，21 世纪的"拉普拉斯妖"就能够计算有用的概率。那我们为什么不可以呢？有些统计学家认为我们也是可以的，这其中可能包括了本书的一个书评人，他们是一个更大的自称为贝叶斯学派的统计学派的成员。大多数贝叶斯学派成员都很明智地坚持正确使用概率的概念，但其中言辞激烈的一小撮人把真实世界中的不确定性与模型中所见的多样性给弄混了。正如不能正确使用

———————

1　原文"1%"疑为作者之误。

概率的概念是错误的，把这些概念用在不属于它们的地方同样也是错误的。试想一下来自高尔顿钉板的一个例子吧。

回头看第 13 页的图 2。通过谷歌搜索"梅花阵"，就可以在网上买到左侧那张图的现代版本。想要获取右侧那张图对应的器械就要困难一些了。当代统计学家甚至质疑过高尔顿是不是真的制作了它；尽管高尔顿描述过用这个版本的器械做的实验，但是它们被称为"思想实验"，因为即便使用当代的手段来建造这个装置，以期重现预期理论结果，"要想造出一个来圆满完成任务［也］是极端困难的"。当实验无法验证理论时，理论家把责任推给实验装置，这可不是什么稀奇的事。或许这只是数学模型不同于它们旨在反映的物理系统的一个证明？要想厘清模型和现实之间的相异点，我们必须研究一下图 25 在非高尔顿（NAG）钉板上做的实验。

## NAG 钉板："魔宫"的一个例证

NAG 钉板即"非高尔顿钉板"，最初为庆祝皇家气象学会成立 150 周年而制作，高尔顿是该学会的成员。NAG

图 25. "非高尔顿钉板",最初展示于剑桥大学圣约翰学院为庆祝皇家气象学会成立 150 周年举行的大会。注意,穿板而过的高尔夫球作出的不是简单的二选一的选择

钉板有一个钉子的阵列,分布跟高尔顿钉板的相类似,但是钉子的间距要更开一些,而且是不太整齐地钉进去的。注意钉板顶上有一个白色小钉子,正好在中间偏左一些的位置。NAG 钉板利用的不是一桶铅弹,而是每次一个从上到下穿板而过的高尔夫球,且每一个球起始的位置都一

般无二，或者说，是把高尔夫球手动放置到白色小钉子下，尽量一般无二。高尔夫球落下的声音很好听，但是这些球不会在每个钉子处作出二选一的选择；事实上，它们有时会平行移动，经过好几个钉子后再掉落到下一层。像高尔顿钉板和轮盘赌一样，NAG 钉板的动力学不是常返的；每个球的动力学都是暂态的，因此这些系统不能显示混沌。施皮格尔把这种行为称作"*魔宫*"。跟高尔顿钉板不同的是，高尔夫球在 NAG 钉板底部不呈钟形分布；尽管如此，我们可以利用一个高尔夫球集合来获得有用的概率估计，看看下一个高尔夫球最有可能落在哪里。

但现实并非高尔夫球。现实是个红色橡皮球，只会掉落一次。"拉普拉斯妖"不会允许就任何其他事可能发生与否进行讨论：没有其他事可能发生。这里我们把地球大气类比为红色橡皮球，把模型集合成员类比为高尔夫球。我们可以选择投放任意多个数的成员。但在红色橡皮球一次性掉落的问题上，高尔夫球的分布能告诉我们什么呢？我们观察到的高尔夫球间的行为多样性肯定能告诉我们一些有用的信息吧？且不论别的，至少它给出了不确定性的一个下界，超出这一界限我们知道自己是没有信心的。但是它永远无法给出一个即使从概率角度来说我们拥有绝对信心的界限。通过近似的类比，即便眼前没有概率预报，考察模型的多样性也会是很有用的。

红球跟高尔夫球非常相似，其直径比高尔夫球稍大一些，但大致相等；而其弹性更粗略一些来说也与高尔夫球的类似。但是代表现实的红球能够做到高尔夫球根本不可能做到的事：有些在意料之外，有些则不然；有些与预报相关，有些无关；有些已知，有些未知。在 NAG 钉板中，高尔夫球是现实优质并且有用的模型，但也是一个存在缺陷的模型。我们如何解释高尔夫球的这种分布呢？没有人知道。欢迎来到统计学研究的前沿阵地。而且好事还在后头。我们总能把高尔夫球的分布理解为概率预报，这个预报是以假设现实是个高尔夫球为条件的。不论预报下面附带什么小字说明，如果知道概率预报是以存在缺陷的模型为条件的，好像它们反映的是未来事件的可能性，那么提供这些预报难道不是语义双关的把戏吗？

我们的集合并不只局限于使用高尔夫球。可以取比其直径稍小的绿色橡皮球，重复这个实验。如果得到的绿球分布与高尔夫球的相似，我们或许便有勇气承认——或者更准确地说，有理由希望——模型的不足在我们关注的预报中可能并没起到多大作用。或者，两个模型可能共同存在某种系统的缺陷，只是我们（到目前为止）还没有意识到。但如果高尔夫球与绿球的分布大不相同呢？那么我们就没有理由依赖二者中的任一种。以这些多模型集合量化模型的多样性，这样做如何才能容许我们构建现实中一次经历的概率预报呢？当我们利用世界上最优的模型来看季节天气预报时会发现，每个模型的分布都倾向于按照各自不同的方式聚集起来。在此情况下我们怎样才能提供决策支持或预报呢？我们的目标应该是什么？实际上，仅仅给定实证不充分的模型，我们到底怎样才能瞄准目标呢？如果我们天真地将模型集合的多样性解释为概率，那么就会不断被误导；我们从一开始就知道模型存在缺陷，因此任何有关"主观概率"的讨论都是一种障眼法：我们原本就不相信（任何）模型！

我们的底线一目了然：如果模型是完美的，且我们拥有和"拉普拉斯妖"一样的资源，我们就能预知未来。而如果模型是完美的，且我们拥有和21世纪的"拉普拉斯妖"一样的资源，那么混沌就会把我们限制在概率预报内，即便我们知道自然法则是决定论性的。若"真"自然法则是随机的，我们可以试想一个"统计学家妖"，不论是否确知宇宙的现行状态，同样能够提供问责概率预报。但是相信数学上精确的自然法则的存在，不论它是决定论性的还是随机的，比起希望在树林中偶遇提供预报的各只"妖"中的任一只，难道不是同样异想天开吗？

不管怎样，似乎我们当前并不知道简单抑或复杂的物理系统的相关方程。混沌研究表明，困难不在于"输入"数字的不确定性，而在于缺乏能够输入任何东西的实证充分的模型：我们或许可以应付混沌，但是限制可料性的并非混沌，而是模型的不足。一个模型可能毫无疑问是世上最优的，但这并不能说明它在实证上是相关的，更不用说在实践中是有用的，甚至是安全的了。预报员在表述他们认为从根本上就存在缺陷的预测时耍了花招，比如"假设模型是完美的"或"最优的可知信息"；他们在技术上可能说的是真话，但如果模型不能影蔽过去，那么"初态不确定性"的可能含义就不甚明了。那些明知模型不足，却假定模型完美，并由此将得出的概率预报缺陷归罪于混沌的人，他们是在语义双关地对我们闪烁其词。

第十章

# 应用混沌学：我们能够看透模型吗？

所有定理都是真的，

所有模型都是错的。

所有数据都是歪的，

我们到底该怎么办？

科学家常常低估了实时预报员的价值；他们日复一日地向我们勇敢展示自己对未来的设想。天气预报员和经济学家是他们中的佼佼者，而职业赌徒和期货交易员甘冒的不只是失去形象的风险。混沌研究激发人们对建模进行再思考，并且厘清了对我们能够透过模型看到的事物的一些限制条件。对数学系统和物理系统来说，其影响当然是不同的；就前者而言，我们确知有一个目标可以瞄准，而就后者而言，我们的目标可能根本就不存在。

## 从零开始的建模：基于数据的模型

我们来考察四种类型的基于数据的模型。其中最简单的是*持久模型*，它假设事物会停留在当前的样子。该类型一个简单的动力学变种是*对流模型*，它假设速度持久不变：在此例中，向东移动的风暴根据预报会以相同速度继续向东移动。菲茨罗伊和勒威耶在 19 世纪利用能跑在来袭风暴前面的电报信号时，就采用了这种模型。第三种类型是*类比模型*。洛伦茨在其经典的 1963 年论文中以此句作结："对于真实大气来说，如果其他所有方法都失败了，我们可以等待一个类比。"类比模型需要拥有过去观测结果的一个资料库，并从中识别出与现行状态相似的一个先前状态；这一历史类比的已知演化为我们提供了预报。该方法的质量取决于我们对状态的观测有多准确，以及资料库中是否包含了足够优质的类比。在对一个常返系统进行预报时，获取一个优质的类比仅仅关乎在考虑到目标和噪声水平的情况下，资料库的集合是不是足够大的问题。在实践中，建立资料库需要的可能不仅是耐心：如果观察常返的必要预期时间比系统本身的生命周期都要长，我们应该如何进行呢?

传统统计学长期以来一直在由历史统计作出预报的语境内运用这三种方法。塔肯斯定理认为,就混沌系统来说,我们可以比这三种方法的任一种都做得更好。假设我们希望通过资料库来预报大气明天的状态,如图26所示。类比的方法是在资料库中选取与今日大气状态最接近的状态,并将其第二天的状态作为明日的状态来报告。塔肯斯定理提出,选取一个附近类比的集合,对其预报结果之间插值以形成预报。这些基于数据的延迟重构模型虽然存在缺陷,但却很有用:它们只需胜过——或仅是补充——其他可能的选项。类比方法在季节天气预报中依然很受欢迎,而轮盘赌则讲述了一个基于数据建模的成功故事。

要想在轮盘赌中押对赢家是很容易的:只要在每个数字上押一块钱,那每次都会是赢家。当然,你还是会输钱,因为每次赢回来的钱只有36块,可投注的数字却不止36个。采用"全盘投注"策略的话每一次赌戏注定都会输钱,这一点赌场很早就知道了。赢钱需要的不仅仅是每次投对赌注,而是要一个比庄家赔率更胜一筹的概率预报。幸运的是,这个目标不需要实证充分性或数学问责性这样的苛

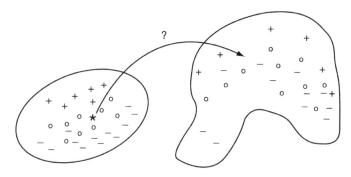

图 26. 在基于数据的状态空间中，利用在类比之间插值来作出预报的图解。知道了每个邻近的点落在什么位置，我们就能通过插值来形成标记 * 的那个点的预报

刻条件就能达成。

在轮盘赌中，开始打珠之后仍旧可以投注，这是令物理学家和赔率统计学家特别感兴趣的地方。假设珠子每次经过 0 号时都用左脚的大脚趾来记录，且 0 号每次经过赌桌上固定的一点时用右脚的大脚趾来记录，那么你的牛仔靴脚后跟里的计算机多少回才能正确地预测一次珠子究竟落在轮盘的哪个四分之一区里呢？如果有一半次数能够正确地预测出轮盘的四分之一区，运气就会在你一边：投对注的时候，赢回来的钱大约会是输掉的钱的四倍，因此赌博的利润会是三倍，而有一半的次数则会全部输掉。平均来说，赢得的赌注会是冒险下注的 1.5 倍。尽管天知道有

多少次赌客尝试过这样的把戏了，我们还是可以设置一个一次性的下界：这个故事在托马斯·巴斯（Thomas Bass）的《牛顿式赌场》中有精彩的描述。

## 模拟模型

如果最相似的类比不能提供足够详尽的预报，又该怎么办呢？其中一个办法是习得足够的物理学知识，通过"第一性原理"来构建系统的模型。这样的模型在各个科学门类中都被证明是有用且具有吸引力的，但我们必须牢记，要从模型世界返回现实，用真实的观测结果来评估预报。我们或许能够获得世界上最优的模型，但是这个模型到底在决策中有没有价值就是另一回事了。

图 27 是反映英国气象局气候模型状态空间的示意图。数值天气预测（NWP）模型的状态空间与此类似，但由于天气模型的时间尺度并不像气候模型的那样长，因此人们常把海洋、海冰、土地使用等缓慢变化的事物假定为实质上恒定不变，从而简化了这些模型。尽管这张示意图展示的模型比前几章的简单映射要显得更加精细，一旦把这

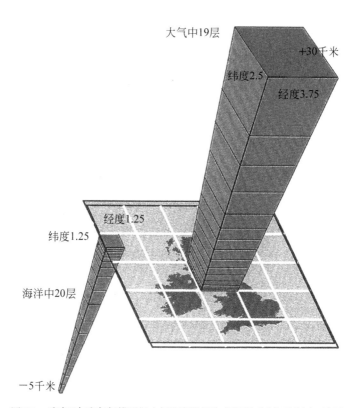

图 27. 反映天气和气候模型把大气和海洋都分成"网格点"的示意图。这里，
大气的每个网格点代表大约 250 千米×250 千米的面积；如上图所
示，这意味着大约六个网格点就可以覆盖整个英国

些模型移植到数字计算机里，天气模型的迭代就变得并不
特别复杂，只是更为繁细。大气、海洋，以及某些模型中
地壳最上层的几米，实际上被划分成了格子；模型变量（包
括温度、气压、湿度、风速等）由每格中的一个数字来定

义。鉴于模型状态包含每个网格中每个变量对应的条目，它可以很庞大，有的超过 1000 万个分量。更新模型的状态是个简单但枯燥的过程：只要将相应的规则施加于每一个分量，反复不断地迭代即可。这就是理查森手算完成的工作，耗费经年的计算时间仅仅为了预报一天之后的状态。这些计算集中在"附近"单元的分量上，而这一事实给了理查森一个主意，即把一屋子的计算机按图 28 所示排列，实际上可以比天气的发生更快地计算出天气。理查森在其 20 世纪 20 年代的著述中把计算机当作了人类。今天的多处理器数字超级计算机或多或少使用了相同的方案。NWP 模型是最错综复杂的计算机程序之一，并且常常产生异常逼真的模拟。不过，如同所有的模型一样，它们对目标中真实世界系统的再现并不完美，而我们用来初始化这些模型的观测结果也是带有噪声的。我们怎样才能利用这些宝贵的模拟来管理我们的事务呢？是否至少能对我们应该在多大程度上依赖今天的下周末预报有一个大致的概念？

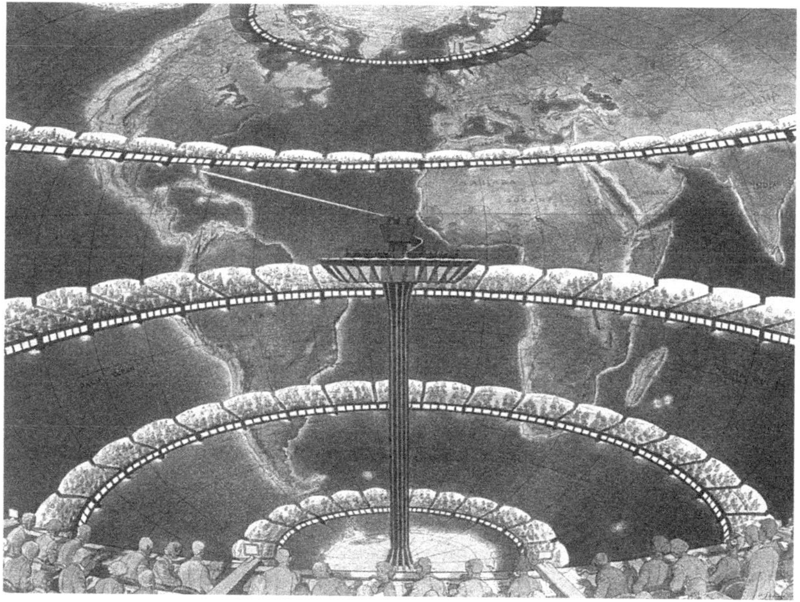

图 28. 理查森梦想的具象化，其中的人类计算机通过巨大的平行列阵协作计算出尚未发生的天气。注意看，中央平台上的指挥者把一束光柱打在佛罗里达州北部，可能是为了表明这些计算机拖慢了项目进度（或者可能是那里的天气计算起来特别棘手？）

## 集合天气预测系统

最新的集合预测系统（EPS）使法国北部在康沃尔面前抢占了优势。你认识能够提供轮渡信息的旅行代理吗？

蒂姆

——1999 年 8 月 5 日发出的电子邮件

1992 年，大西洋两岸的天气预报作业中心同时向前迈出了一大步：它们不再试图预告下个周末天气的确切情形。数十年来，中心每天都会运行一次计算机模拟。随着计算机的速度越来越快，模型也变得越来越复杂，只是因为要趁天气来临之前及时放出预报才受到了限制。这样的"最优猜测"执行模式在 1992 年终结了：中心不再针对最复杂的计算机模拟仅仅运行一次，然后在一旁眼睁睁看着现实结果与此不同，而是针对一个稍微简单些的模型反复运行数十次。这个集合每一成员皆初始化为略微不同的状态。接下来，预报员将观察随着时间演化至下个周末，整个集合的不同模拟结果如何分散开来，并使用此信息来量化每天预报的*可靠性*。这就是集合预测系统（EPS）。

通过作出*集合预报*，可以考察与我们对当前大气和模型的认知相一致的其他选项。这就使我们在知情决策的支持方面占据了明显的优势。1927 年，阿瑟·埃丁顿爵士预测到 1999 年 8 月 11 日"在康沃尔［会发生］可见的"日食。笔者想观看此次日食，同样有此想法的还有在英格兰雷丁的中期天气预报欧洲中心（European Centre for Medium-range Weather Forecasts，ECMWF）概率预报部部长蒂姆·帕尔默（Tim Palmer）。随着日食日子的临近，却发现康沃尔可能会是阴天。本节开头引自蒂姆的电子邮件是日食 6 天前发出的：我们考察了 11 号的集合预报，注意到集合成员的数量显示，预报法国晴天的数量超过了相应的康沃尔预报数量。同样的结果也发生在了 9 号，这一天我们乘轮渡离开英格兰前往法国。在那里，我们观看到了此次日食，这多亏了 EPS 提供的概率，以及最后一刻为了更好的能见度蒂姆在狭窄的法国乡村小道上驾驶靠右行驶的汽车狂奔的技术，更不用提他的日食护目镜了。模型的混沌研究表明，即便是仅仅提前一周，由于大气现行状态的不确定性，也不可能确定地说出日食在哪里能够看到，在哪里会被云层遮蔽。但不管怎样，通过以追踪这一不确定性为目标来运行集合预报，EPS 提供了有效的决策支持：我们因此看到了日食。我们不需要假设模型是完美的，目光所及处也没有概率分布。

因为 EPS 是 1992 年才开始投入作业的，所以没有生成过 1990 年彭斯诞辰日风暴的集合预报。ECMWF 利用彭斯诞辰日风暴来袭两天前的可用数据，贴心地生成了一个回顾性的集合预报。（第 19 页的）图 4 显示的是现代天气模型（称为分析）所见的风暴，以及提前两日的预报（仅仅采用了在第一章讨论的关键的船上观测结果取得之前的数据）。注意看，预报当中并没有风暴。同样来自风暴两天前的集合预报中的十二个其他集合成员如图 29 所示；其中一些有风暴，另一些则没有。第一排第二个集合成员看上去和分析十分相似；在它之下两排的那个成员看上去像是个超级风暴，其他成员显示的则是一个平常的英国冬日。由于关键的船上观测结果是在这个 EPS 预报之后采集到的，因此这个集合已经显示风暴很可能会发生，从而极大地减轻了干预预报员的压力。在提前时间更早的情况下，彭斯诞辰日三天前的集合预报中有若干成员显示风暴在苏格兰上空，而四天前集合预报的一个成员甚至显示邻近地区会有一场大的风暴。可见集合提供了早期预警。

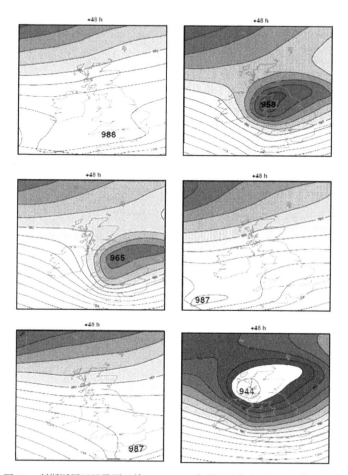

图29. 彭斯诞辰日风暴两天前 ECMWF 天气模型的集合预报：一些成员显示有风暴，另一些则显示没有。与第19页图4显示的单个"最佳猜测"预报不同，这里我们得到了一些对风暴的预警

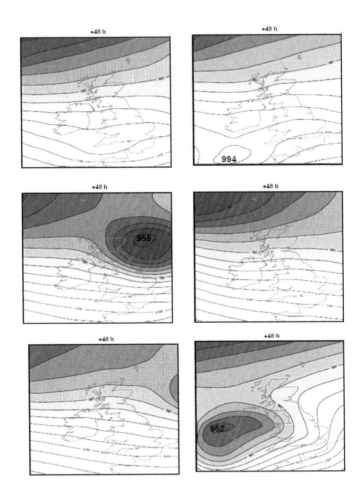

第十章
应用混沌学：我们能够看透模型吗？ | 205

针对所有提前时间的情况，我们必须应对彭斯效应：ECMWF 天气"高尔夫球"集合显示，模型行为的多样性在我们对未来"进行猜测和感到恐惧"时为我们提供了帮助，而没有实际量化真实世界未来的不确定性。事实上，我们可以把这种多样性的范围扩大；如果拥有足够的计算能力，并且质疑某些观测结果的可靠性，我们可以一方面运行带有这些观测结果的集合成员，一方面在其他成员中忽略这些观测结果。我们不大可能再遇上像 1990 年彭斯诞辰日风暴那样的情形。或许，我们可以决定的是，要把旨在最大化辨别哪些集合成员最具现实意义的未来观测结果带向何方：是发生风暴的未来，还是没有风暴的未来？

我们不必在试图决定哪个才是"最优"模型上耗费太多精力，而是应该明白，不同模型的集合成员比一个极其昂贵的超级模型的单次模拟更具价值。但我们也不能忘记 NAG 钉板的教训：集合揭示的是模型的多样性，而不是未来事件的概率。我们可以考察集合的不同初态、参数值，甚至数学模型结构，但看上去只有 21 世纪的"拉普拉斯妖"才能作出有用的概率预报。幸好，EPS 可以在不提供决策所需概率的情况下告知信息、增添价值。

1999 年圣诞节刚过不久，另一场大风暴席卷了欧洲。这场法国称为 T1、德国称为"洛塔尔"的风暴仅在凡尔赛一地就刮倒了 3000 棵树木，并创下了欧洲保险理赔的新纪录。在风暴发生的 42 个小时之前，ECMWF 运行了通常的 51 个成员 EPS 预报，其中 14 个成员预测了风暴的发生。忘记这些预报都只不过是 NAG 钉板上的高尔夫球，而把这理解为大风暴发生的概率为大约 28%，这样的想法有其诱惑性。尽管我们应该抵制这种诱惑，这里我们有的是又一个非常有用的 EPS 预报。对一个更现实、更复杂的模型运行一次，其结果可能显示一场风暴，也可能显示没有风暴：如果 EPS 有可能量化这一概率，为什么还要甘冒看不到风暴的风险呢？集合预报显然是个明智的主意，但在使用更昂贵的模型和造就更大的集合之间我们究竟应该怎样来分配有限的资源呢？这一尚在研究中的课题仍然有待解答。而与此同时，ECMWF 的 EPS 定期为通过模型一瞥其他未来情形提供了极大的添加价值。

如何在不向公众展示数十张天气图的情况下传达集合的这一信息呢？这也是一个亟待解决的问题。在极端天气相当常见的新西兰，气象局在网站上定期发布实用的概

率预报：比如说，"五分之二的概率"这样的预报。这给
对可能发生事件的描述添加了不可忽略的价值。当然，气
象学家常表现出对极端天气的狂热，而能源公司则乐于从
每天更为平常的天气中获取有用信息，榨取足量的经济价
值。那些和天气风险相关的其他行业人员也开始紧随
其后。

## 混沌与气候变化

> 气候是预料发生的，天气是实际发生的。
>
> ——罗伯特·海因莱因（Robert Heinlein），《时间足够
>
> 你爱》（1974 年）

气候建模从根本上与天气预报不同。试想一下一年后
1 月第一个星期的天气。在澳大利亚会是仲夏，而在北半
球会是隆冬。仅这一点就足够让我们对气温的范围有所预
期了：这样的预期集合就是气候，它理想化地反映了每一
种能想到的天气模式的相对概率。如果我们相信物质决定
论，那么来年 1 月的天气就是已经注定的；即便如此，气

候集合的概念也有着重要意义，因为当前模型无法区别出注定的未来。理想的集合天气预报会追踪大气状态任何初始不确定性的增长，直到它与相应的气候分布变得难以区别。当然，鉴于模型存在缺陷，这样的情形并不会真正地发生，因为模型模拟的集合朝着模型吸引子，而不是真实世界吸引子（如果它确实存在的话）的方向演化。即使模型是完美的，而且忽略埃丁顿注意到的人类自由意志的影响，基于地球当前条件的准确概率预报不但会被刚刚离开太阳的影响因素所阻止，而且会被自太阳系外即将到达的影响因素所遏制，而对于这些影响，我们今天即便在原则上也没有认知。

气候建模常常包含一个"如果……那么……"的成分，这一点也有别于天气预报。改变大气中二氧化碳（$CO_2$）与其他温室气体的含量相当于改变"逻辑斯谛映射"中的参数 $\alpha$；当我们改变参数值时，吸引子本身随之改变。换句话说，当天气预报员试图解释图 25（第 186 页）NAG钉板中，对红色橡皮球的一次掉落来说，许多高尔夫球的分布意味着什么时，气候建模员在此基础上又使问题更复杂化了：询问钉子如果四下移动的话，又会发生什么。

只看气候模型的仅仅一次运行，与只看 1990 年彭斯诞辰日的仅仅一次预报具有同样的风险，尽管这种天真的过度自信带来的后果在气候的例子中要严重得多。世界上没有任何一个计算中心有能力运行气候模型的大量集合。但是，对全球范围内家庭个人计算机的后台处理能力加以利用（参见 www.climateprediction.net）使这样的实验成为了可能。数以千计的模拟揭示了在一个当前最高发展水平的气候模型内部存在着令人吃惊的广泛多样性，这表明真实世界气候的未来不确定性至少是很大的。这些结果有助于改进当前模型。它们没能提供证据来证明当前世代的气候模型能够现实地聚焦于区域细节的问题，这些细节如果掌握在手的话可以在决策支持中发挥重要作用。不过，对今天气候模型局限的坦率评价没有使人们对普遍的共识产生什么怀疑，即近期的数据见证了气温的显著升高。

模型当前的多样性究竟有多广泛呢？这当然要取决于所考察的模型变量。从全球范围平均气温的角度来说，我们看到的是一致的变暖趋势；相当数量的集合成员显示出的变暖趋势比先前认为的要严重得多。而从区域细节的角度来说，集合成员之间存在霄壤之别。要判断预估降水量对于决策支持的效用，即便是全欧洲的每月降雨量，也是很困难的。在气候语境中，如何区分哪个仅是当前所能获得的最优预报，哪个才是对决策者来说真正包含了有用信息的预报呢？

现实中，二氧化碳的水平等因素一直处于变动之中，天气和气候的问题在这里汇聚成一次性暂态实验的一次单一实现。天气预报员常把自己的工作看成是，在集合的行为散布于各"天气吸引子"之前，试图从集合中获取有用信息；气候建模员则必须应对该吸引子的结构如何变化这样的难题，比方说在大气中的二氧化碳含量翻倍后保持恒定的情况下。20世纪60年代，洛伦茨就已经在从事这项研究了；他警告说，结构稳定性和长时间暂态的问题会使气候预报复杂化，并且以不比我们在第三章中定义的映射复杂多少的系统为例，阐明了这些效应。

鉴于天气模型存在缺陷，其集合实际上并未朝着现实中气候分布的方向演化。同时鉴于地球气候系统的属性处于不断变化之中，谈论不断变化、无法观测的"现实气候分布"原本就没什么意义。任何这样的东西在模型世界之外有存在的可能吗？话又说回来，对混沌和非线性动力学的理解既改进了气候研究的实验设计，又提高了气候研究的实践水平，为政策制定者提供了更多富有洞见的决策支持。或许最重要的是，它澄清了这样一个事实，即我们将不得不在不确定的情形下作出困难的决定。尽管这一不确定性并没有受到严格的约束，而且它也只能够通过存在缺陷的模型来量化，但这两点都不能当作不作为的借口。所有困难的政策决定都是在彭斯效应这样的语境中作出的。

## 商业中的混沌：物理金融带来的新机遇

当一大批人开始玩起有着明晰规则但是未知动力学的游戏时，很难区别这些人中哪些是靠技术获胜，哪些又是靠运气。在评判对冲基金经理和改进天气模型时，这就构成了一个根本性的问题，因为传统的记分方式实际上会对娴熟的概率策略造成妨碍。"预测"公司（又称 PreCo）就是建立在这样一种假设的基础之上的，即比起 20 年前开始主宰量化金融领域的线性统计方法，肯定还有更好的办法来预测经济市场。以多因·法默和诺姆·帕卡德为先驱，集合了放弃博士后、转投股票期权的当时最聪明的一些年轻的非线性动力学家，PreCo 开创出了一条不同的道路。如果市场存在混沌，那么其他人上当受骗或许不是随机的？令人遗憾的是，即便是早期的 PreCo 也仍然受到保密协议的制约；但是公司一直在赚钱，这表明它无论做的是什么，都是成功的。

PreCo 是向着物理金融这样一个大体方向发展的例子，它把训练有素的数学物理学家汇聚到一起，考察金融中的预报问题，而这传统上是统计学家的领域。股票市场是混沌的吗？现有的证据表明，市场的最优模型从根本上来说是随机的，因此答案是否定的。但股票市场也不是线性的。举例来说，混沌研究为天气和经济的交叉领域中令人着迷的发展作出了贡献：许多市场都深受天气的影响，有些甚至受到天气预报的影响。很多分析员如此担心自己可能会被随机性欺骗，以至于他们虔诚地相信相当简单、纯粹随机的模型，而忽略了显而易见的事实：有些集合天气预报包含有用的信息。对能源公司来说，有关天气信息不确定性的信息每天都会用到，以避免"追逐预报"：随着下周五天气预报里的气温下降，升高，再下降，同样一立方米的天然气高买，低卖，再高买，下周五的预期用电需求也伴随每次气温升降起起落落。这一事实令投机商紧紧咬住预报下一次预报的新方法不放。

混沌研究带来的效益超出了短期收益：物理金融对生鲜食品的分配的改进，包括与天气相关的需求，船只、火车和卡车的运输，以及一般性需求预报均作出了显著的贡献。对风和雨的混沌涨落作出的更准确的概率预报使得我们除了可料性极低的日子之外，可以降低对"待命"发电机的矿物燃料的需求，从而极大提高利用可再生能源的能力。

## 回退至更简单的现实

物理系统促成了混沌动力系统的研究，我们现在知道了"拉普拉斯妖"的 21 世纪化身是怎样利用完美模型生成混沌系统的问责概率预报的。不管是纯粹基于数据，还是源自今天的"自然法则"，我们手头的模型都是存在缺陷的。我们既要与观测的不确定性，也要与模型不足作斗争。如果把真实世界的一个集合预报理解为好像是数学系统的一个完美模型概率预报，这是犯下了最天真的预报错误。我们能够找到混沌为预报设置了终极界限的真实世界系统，哪怕仅仅一个吗？

地球的大气/海洋系统是一个棘手的预报难题；物理学家为了避免完全回退至数学模型而考察那些能够打破预报程序和可料性理论的较简单物理系统。我们会追踪从地球大气开始的这一回退进程，考察其最后的防线，然后再仔细地考察一番那里究竟有些什么。洛伦茨指出，雷蒙德·海德（Raymond Hide）的实验室"转盘实验"支持了他20世纪60年代初计算机模拟的混沌阐释。这些实验的后代至今仍在牛津大学的物理系里旋转着；在那里，彼得·里德（Peter Read）提供了用于基于数据的重构的原始材料。迄今为止，这些流体系统的概率预报仍是非常不完美的。世界各地的实验者已从流体系统和机械系统两者之中都获取了宝贵的数据，这些系统是由相应物理模型的混沌特性所启发的。真正的钟摆的温度往往会逐渐升高，在改变模拟模型"固定"参数的同时，离开状态空间中基于数据的模型进行训练的区域。即便骰子也会随着每次抛掷而一点点耗损。这就是真实世界的特性。

提供了大批量数据、低观测噪声水平和物理平稳条件的物理系统对于当代非线性数据分析的工具来说可能更经得起检验。生态系统则完全不必考虑。快速、清洁、仪器精准的激光被证明是丰富的资源，但我们对此没有问责预报模型；在研究更奇异的流体如液氦的动力学时，情况也是如此。作为最后一着，我们还有电路——某种意义上简单的模拟计算机。一份报告这些系统的成功集合预报的投稿很可能会被审稿人拒之门外，原因是它选取的系统过于简单了。当未能就这些最简单的真实世界系统生成问责预报时，我们获得的洞见反而要多得多。

图30展示了模仿摩尔-施皮格尔系统构建的电路的观测电压集合预报。图中展示的是来自两个不同模型的预报。在每幅图中，深色实线显示电路生成的目标观测结果，每条浅色的线则是一个集合成员。预报在时间等于0时开始，而集合生成仅使用了那个时间点前的观测结果。上方的两幅图显示一号模型的结果，下方的两幅图则显示二号模型的结果。请看左边的两幅图，它们显示的是两个模型同一时间的预报。如左上图所示，模型一号集合的每个成员恰好在时间100之前毫无预兆地逃离了现实，而左下图的模型二号成员则大约在正确的时间（还是要早一点？）成功

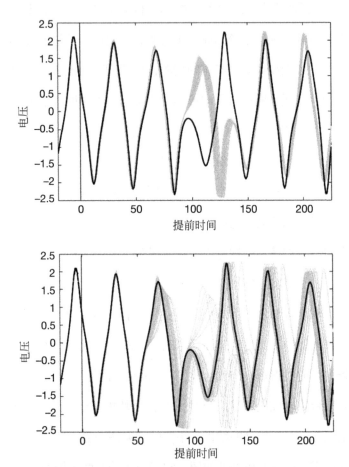

图 30. 马切特的摩尔-施皮格尔电路的集合预报。深色的线显示观测结果，浅色的线则为集合成员；预报在时间等于 0 时开始。左边的两幅图显示的是两个模型对同样数据的预报；注意，左上图的模型在时间接近 100 时没能跟上电路，而左下图的集合则成功捕捉到了它。右边的两幅图显示了这两个同样的模型由第二个初态作出的预报，其中集合差不多在同一时间都失败了

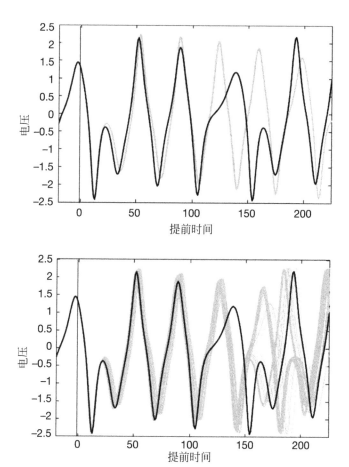

地分散开来，且这个集合的多样性直到预报的终点看起来都是有用的。在此例中，我们可能不会知道哪个模型是正确的，但可以看到它们明显地互相分离。在右边的两幅图中，两个模型都以大致相同的方式在大致相同的时间失败了。

以上两例中，预报似乎都为未来可能的观测结果提供了洞见，但洞见失效的未来那个时间点却未能被任一集合系统很好地反映出来。我们怎样才能从预报的角度对这一多样性作出最佳阐释呢？

对从各个不同初态产生的许多预报的分析表明，把这些集合理解为概率预报的话，它们不是问责的。当使用可能为混沌的数学模型来预报真实世界系统时，这似乎是通常的结果。就我所知，没有例外的情形。幸运的是，效用并不要求我们提取出有用的概率估计。

**赔率：我们真的得把模型这么当回事吗？**

在理论数学中，赔率和概率大致上是等同的，但在真实世界中则不然。如果我们把每个可能事件的概率相加，概率的总和应该为 1。对任一特定的赌胜赔率集来说，我们可以从一个事件的赌胜赔率来定义它的*隐含概率*。如果隐含概率的总和为 1，那么这个赔率集就是*概率赔率*。除了数学讲座，真实世界中要找到概率赔率是相当困难的。相关概念"公平赔率"——赔率固定不变，人们可以选择支持打赌的任何一方——暗示了一种类似象牙塔式的"一厢情愿"；赌输的隐含概率和赌胜的隐含概率不是互补的。之所以会对这两者产生混淆，其根源主要在于模糊了数学系统和它们所模仿的真实世界系统的边界。在马场上或是赌场内，隐含概率的总和大于 1。欧式轮盘赌的隐含概率为 37/36，而美式轮盘赌的隐含概率为 38/36。在赌场里，多出的部分确保了赢利；从科学上来说，我们或许可以利用这一同样的多出部分来传递模型不足的信息。

模型的不足可以引导我们避开概率预报，其方式与非线性模型中初态的不确定性引导我们避开最小二乘原则一样，并没有多大不同。把概率预报系统通过最大化预期效用——或是其他某个能够反映使用者目标的指标——吸收进决策支持，这一理论已经发展得很完善了。在这样的情境中不以此种方式使用的"概率预报"或许根本就不应该称为概率预报。把提供赔率而不是概率作为决策支持的预报系统吸收进来的理论无疑是可以构建出来的。贾德已经贡献了好几个可行的例子。

承认自己模型的不足，同时又对竞赛能够获得的模型的不足一无所知，这似乎要求我们把目标定得比公平赔率要低一些。如果赔率预测系统能够抵偿损失，即在对所有参赛者作出评估且负担了运行成本之后，收支能够平衡，那么我们可以说它生成了*可持续赔率*。可持续赔率转而提供了决策支持；这样的决策支持既不导致（尚未导致）灾祸，又不以获取更大市场份额或抵消运行花费为目的灌输为提高赔率进行更多投资的想法。

包含所有能想到要尝试的选项的集合也许会带来可持续赔率；它允许多模型集合内部的多样性来估计模型不足带来的影响。隐含概率的总和超出 1 的范围提供了量化模型不足的一种方法。随着对某个真实世界系统的了解逐步加深，我们不禁要问，赔率预报的隐含概率对*任一*物理系统而言是否可能总和为 1 呢？

转向提供赔率而不是概率的预报系统，这为真实世界的决策支持解除了由于概率而产生的非自然束缚；这些概率只有在数学系统中才能得到明确定义。可持续赔率既取决于模型的质量，也取决于它的反面，这一事实令人尴尬却又无可回避。如果能够提供问责概率预报，决策会容易很多，但是当模型多样性不能转化为（与决策相关的）概率时，我们就无法获得概率预报。就好像我们为了简单才追求风险管理，这是愚蠢的。而且尽管赔率在以小时计或以天计的决策中可能会被证明有用，在气候变化情境中，我们似乎只有单个产生重大影响的事件，并且没有类似的测试可以从中学习，这时我们又该怎么办呢？

　　我们已经抵达真实世界科学预报的矿面。概率这一古老的地层正变得越来越薄，而我们并不是很清楚下一步挖掘会在哪个方向。混沌动力系统即便没能为我们提供一把新铲子，至少是给了我们一只金丝雀[1]。

---

[1]　金丝雀对瓦斯这种气体十分敏感，觉察到空气中有极少量的瓦斯就会停止鸣唱，含量超过一定限度它就会中毒死亡。因此 17 世纪时，英国的矿工每次下井都会带上一只金丝雀，作为"瓦斯检测指标"来警示危险状况。

第十一章

# 混沌中的哲学

不必相信每一个计算的结果。

　　混沌里真的有新鲜的东西吗？有一个老掉牙的笑话，讲的是三个棒球裁判借比赛来讨论人生。裁判 A 说："我看到的是什么，就怎么判罚。"裁判 B 说："事情原本怎样，我就怎么判罚。"最后，裁判 C 说："事情本来并非如此，直到我判罚之后。"混沌研究往往迫使我们采取倾向于裁判 C 的哲学立场。

## 混沌的困局

　　我们预报的量值只在我们构建的预报模型内部存在吗？如果是这样，我们怎样才能拿它们来和观测结果比较呢？预报存在于模型的状态空间中，而当相应的观测结果不在那个状态空间时,这两个值是"可相减的"吗？这是"苹果和橘子"问题的数学版本：模型状态和观测结果足够相似，以至于我们可以从一个中减去另一个从而定义距离，然后称之为预报误差吗？还是情况并非如此？如果并非如此，我们怎么继续？

对混沌模型的评估暴露出了第二个根本性的困局，这个困局即便在含有未知参数值的完美非线性模型中也会产生：我们如何来确定最优参数值呢？如果模型是线性的，我们便会有几个世纪的经验和理论来令人信服地证明，实践中的最优参数值是那些生成结果最接近目标数据的值，而所谓最接近则是根据最小二乘（即模型和目标观测结果之间的最小欧几里得距离）来定义的；似然性的最大化是很有用的。如果模型不是线性的，那么几个世纪以来积累的直觉常被证明即使算不上是进步的障碍,也可说是干扰。取最小二乘不再是最佳的选择，"准确"这一概念也要重新考虑。这样一个简单的事实虽然重要，却被忽视了。这个问题可以通过"逻辑斯谛映射"毫不费力地来说明：已知正确数学公式和噪声模型所有细节（钟形分布的随机数）的情况下，利用最小二乘来估计 α 值会导致系统误差。这不是数据太少或者计算机能力不足的问题，这是方法的失败。我们可以计算出最佳的最小二乘解：其得到的 α 值在任何噪声水平上都是过小的。这一原则性的方法之所以不适用于非线性模型，只是因为最小二乘原则背后的定理一再假设钟形分布。这些分布的形状在线性模型中是保持下来了，但是*非线性模型扭曲了钟形*，使最小二乘失去了恰当性。在实践中，这样"一厢情愿的线性思维"系统性地低估了在每一噪声水平上的参数真值。对气候模型近期的（错误）解读也是由于类似的"一厢情愿的线性思维"才栽了跟头。21 世纪的"拉普拉斯妖"将能够非常准确地估计出 α 值，但它不会用最小二乘来这样做！（它会寻找影蔽。）

哲学家还想知道，分形复杂性是否可以确立自然界中实数的存在，因为它证明了无理数的存在，即便我们能够看到的只是无理数前面的一小部分。无法从线性动力系统得出的论点，奇异吸引子也提供不了任何其他证据来支持。另一方面，混沌则提供了使用模型和观测结果两者来详尽地界定变量的新方法——如果模型足够优质的话；它借助的是来自实证充分的非线性模型的影蔽沿路上的状态。如果模型在一段过长的时间内影蔽了观测结果，那么所有的影蔽状态就会落入一个非常狭窄的值的区间，这为界定温度等可观测的量的值提供了一种方法，使之精确到通常概念的温度超出这一界限就会分崩离析的地步。我们永远都无法得到一个无理数，但实证充分的模型可以提出一个具有任意准确性的定义，利用观测结果的同时将模型置于和裁判 C 差不多的角色。话说回来，温度与通过噪声模型测量的温度之间在传统意义上的联系，在有用的影蔽轨道被证实存在之前，仍然是安全的。

混沌的另一个哲学困局源自如何界定实践中的"最优"预报。概率性预报将一个分布作为一次预报来提供，而我们需要对照确认的目标观测结果永远只会是一个单一事件：当预报分布在各次预报中都显出差异时，我们又一次面临"苹果和橘子"的问题，因为我们永远都不可能把预报分布中的哪怕一个当作分布来评估。

模型的成功往往会使我们放松警惕，雀跃地认为数学法则统辖我们感兴趣的真实世界系统。线性模型构成了一个快乐家族。错误的线性模型可能与正确的线性模型相近，而且看起来也如此；从某种意义上来说，这一条不适用于非线性模型。如果仅仅知道观测结果，要看出一个存在缺陷的非线性模型与正确的模型"相近"不是那么容易的：我们能够看到它有很长的影蔽，但如果两个模型的吸引子相异——且我们知道非常相似的数学模型的吸引子也可能大不相同——那我们就无法得知如何创造集合来产生问责概率预报。我们必须重新考虑，在真值可以被某个"正确的"模型囊括的情况下，非线性模型如何来接近真值。没有科学依据可以证明这样的完美模型是存在的。哲学家可能避开追寻真值的道路上生出的那些混乱的议题，转而思考如果就只有一堆存在缺陷的模型的话，究竟会带来什么样的影响。他们又能给物理学家怎样的建议呢？如果新的计算机能力在任何我们能够想到的事物上（初态、参数值、模型、编译器、计算机总体结构等）容许集合的生成，我们怎么才能解释以科学的方式出现的分布呢？还是揭露其愚蠢之处：藏身在一个特别复杂的超高分辨率模型的一次单一模拟背后，借以躲避这些议题？

最后要注意的是，使用错误的模型时，我们可能会问出错误的问题。在拉·图尔的牌戏中，究竟谁是谁呢？这个问题假设了一个模型的存在；在此模型中，每个牌手只能是数学家、物理学家、统计学家或哲学家，且牌桌上必须有每一学科的一位代表。也许这个假设并不成立。作为真实世界的科学家，每个牌手都可以承担起任一角色吗？

### 举证责任：到底什么是混沌性？

如果坚持要看数学标准的证据，能够证明是混沌性的系统很少。数学混沌的定义只适用于数学系统，因此我们无法着手证明一个物理系统是混沌性的，同样也无法证明它是周期性的。尽管如此，只要不混淆数学模型和用它们来描述的系统，把物理系统描述为周期性或混沌性还是有用的。手边有模型的时候，可以看到它是决定论性的，还是随机的；但即使知道它是决定论性的，要证明其混沌性也非易事。计算李雅普诺夫指数是项艰巨的任务，而我们可以通过解析算出该指数的系统又极少。我们用了几乎40年的时间才从数学上证明洛伦兹1963年系统的动力学是混沌性的。所以，有关更复杂方程的问题，比如用于天气的那些，可能在相当长的一段时间内都会无解。

除非抛弃数学家的举证责任，我们不能寄望于为声称

"一个物理系统是混沌性的"这样的话，以及随之产生的混沌最常见的意义辩护。尽管如此，如果一个物理系统的最优模型看上去是混沌性的，如果模型是决定论性的，看上去是常返的，并且通过微小不确定性的迅速增长而显示出敏感依赖性，那么这些事实就为物理系统的混沌性是什么提供了一个可行的定义。或许有一天即便这个物理系统没有这些性质，我们也能找到更好的方式来描述它，但是所有科学不都是这样发展起来的吗？从这个意义上说，天气是混沌性的，经济则不然。这是否表示如果在天气模型中添加一个所谓的随机数生成器，我们就不再相信真正的天气是混沌性的了？完全不会，只要我们希望使用随机数生成器的原因仅仅是出于工程上的考虑，比如在有限计算化模型中为缺陷作出说明。与之类似，我们在计算机模型中不能使用真正的随机数生成器这一事实并不意味着一定就认为股票市场是决定论性的。混沌研究已经揭示了区分最优模型和构建这些模型的计算机模拟的最优方式这两者的重要性。如果模型结构存在缺陷，决定论性系统的最优模型很有可能最终却是随机的！

也许混沌预报最让人感兴趣的问题是至今还没有答案

的第四种建模范式：我们看到最优模型无法产生影蔽，怀疑这一模型无论是在物理学家的决定论性建模方式中，还是在统计学家的标准随机方式中都已经不可修复。对数学混沌的进一步研究能提出一个综合方案，让我们获得至少可以影蔽物理系统的模型吗？

## 影蔽、混沌，以及未来

一旦睁开双眼，我们可能就会转向又一种更新式的世界观，但我们永远也无法回到过去的世界观了。

——阿瑟·埃丁顿（1927 年）

数学是终极的科学幻想。尽管数学家很乐于把活动局限在自己的所有假设均可成立（"几乎总是"）的领域，物理学家和统计学家却必须通过手里的数据和脑中的理论与外部世界打交道。如果在与数学家和科学家交谈的时候要使用诸如"混沌"这样的词语，就需牢记这一差异；混沌性的数学系统与我们称为混沌性的物理系统是完全不同的两回事。数学要做的是证明，而科学竭力要做的仅仅是描述。不能认识到这一区别的结果是给讨论添加了不必要的火药。没有哪一边可以"赢得"这场论战，而随着先前的一代慢慢退出战场，可以发现一个很有趣的现象：下一代的一些成员采用了集合的方法；既非挑拣也非合成，而是实实在在地将多个模型作为一个模型来共同使用它们。物理学家、数学家、统计学家和哲学家能够作为一个团队共同协作，而不是像在竞赛中一样扮演竞争对手的角色吗？

混沌研究帮助我们更加清楚地看到哪些问题是有道理的，哪些实在荒谬可笑：混沌动力学研究迫使我们承认，鉴于非线性系统的尴尬性质，我们的目标中有一些是无法达到的。并且鉴于全世界的最优模型都是非线性的——天气、经济、疫病、大脑、摩尔-施皮格尔电路，甚至地球气候系统的模型——这一洞见的深远影响超出了科学领域，延伸至决定支持和政策制定方面。在理想状态下，混沌和非线性动力学提供的洞见会对气候建模者给予帮助；他们在被问到明知无意义的问题时，就有能力来解释当前知识的局限，传达可获得信息。即使模型的缺陷意味着没有与政策相关的概率预报，对基本物理过程的更深理解长久以来也已经一直在为决策者提供帮助。

所有困难的决定都是在不确定的情况下作出的；理解混沌在提供更好的决定支持方面给予了我们帮助。能源部门已经取得了重大的经济进步；在这些部门，对信息丰富的天气集合的利用赚了大钱，而由此产生的结果是，从市场的交易大厅到国家电网的控制室，人们每天都在使用不确定性的信息。

预言绝非易事。科学下一步会用到哪个语境，这点从来都不甚明了；但混沌已经改变了球门门柱的位置，这个事实很可能是它对科学产生的最持久的影响了。这一信息需要在教育中更早地灌输；数学上的简单系统揭示了不确定性的角色和行为的丰富多样性，但它们却在很大程度上仍未受到重视。观测不确定性和模型误差密不可分地融合在了一起，迫使我们重新评估什么才算是一个优质模型。我们极小化最小二乘这个旧有的目标被证明是受了误导的，但我们将其替换的时候，是应该代之以搜寻影蔽、搜寻行为美观的模型，还是代之以作出更多问责概率预报的能力？就我们的观点来说，我们可以更清楚地看到哪些问题是有道理的，由此挑战数学物理的基本假设和概率论的应用。我们建模的失败是因为没法从可得选项中挑拣出正确的答案，还是因为没有合适的选项可供选择？我们又怎么来解释对实证不充分的模型的模拟呢？不论个人是否信奉真值的存在，混沌已经迫使我们重新思考逼近自然的意义。

混沌研究为我们提供了新的工具：延迟重构（或许能够得出一致性的模型，甚至在我们不知道"内在的方程"的情况下）、新的统计量（可以定量化地描述动力系统）、预报不确定性的新方法，以及影蔽（在模型、观测结果和噪声之间的鸿沟上架起了桥梁）。研究把焦点从相关性转移到信息，从准确性转移到问责性，从人为地极小化可能不相关的误差转移到增加实用性。它重新在客观概率的地位问题上为辩论点了一把火：我们到底能不能构建一个可操作的概率预报，还是不得不发展出一些新奇特别的方法来使用没有概率预报的概率性信息？我们是在量化真实世界未来的不确定性，还是在探索模型的多样性？科学寻求的是自身的不足；应对科学中恒常的不确定性不是其弱点，而是优势。混沌在没有提供任何完美模型或终极解决方案的情况下，为我们对世界的研究展开了一片广阔的新天地。科学是块百衲布，而其中的一些线缝是透风的。

在电影《黑客帝国》的开头，莫菲斯的一段台词呼应了本节伊始埃丁顿的话：

这是你最后的机会。一旦作出了选择，就不能走回头路了。如果你选择了蓝色的药丸，故事就此终结。你会在自己的床上醒来，愿意相信什么随你的便。如果你选择的是红色的药丸，你会待在爱丽丝的奇境里，我会带你去看兔子洞到底有多深。记住，我能提供给你的只有真相，并无其他。

混沌就是那粒红色的药丸。

# 词汇表

数学家就像某种类型的法国人；当你和他们交谈时，他们把你的话转译为自己的语言，这些法语的话又随即转变为完全不同的东西。

——歌德（Goethe）《箴言和沉思》（1779 年）

这些条目不是为了提供精准的定义，而是为了快速查阅术语的大意。一些术语在数学家（M）、物理学家（P）、计算机科学家（C）或统计学家（S）使用时具有不同层次的含义。定义和讨论可见于网址为 www.lsecats.org 的 CATS（Centre for the Analysis of Time Series，"时间序列分析中心"）论坛。

**几乎每（个）（M）**：一句数学名言，用来提醒我们，尽管某事物百分之百是正确的，但是仍然存在它是错误的情况。

**几乎每（个）（P）**：几乎每（个）。

**吸引子**：状态空间的一个点或点集，一些其他状态的集合在向前迭代时越来越趋近它。

**吸引域**：对一特定吸引子来说，最终会趋近它的所有状态的集合。

**彭斯效应**：一种说法，概括了不完全的预见和存在缺陷的模型在试图作出理性决策时带来的困难。

**蝴蝶效应**：一种说法，概括了当前微小差异可能造成未来巨大差异的理念。

**混沌（C）**：一种计算机程序，以表示混沌数学系统为目标。在实践中，所有数字计算机化的动力系统不是处于周期循环，就是在朝周期循环演化。

**混沌（M）**：一种数学动力系统，它是（a）决定论性的、（b）常返的，而且（c）初态具有敏感依赖性。

**混沌（P）**：一种物理系统。我们当前认为，它以混沌数学系统为模型是最佳选择。

**混沌吸引子**：一种动力学为混沌性的吸引子。混沌吸引子可能有分形几何结构，也可能没有，因此分为奇异混沌吸引子和不奇异的混沌吸引子。

**保守动力系统**：一种动力系统，其状态空间的体积在向前迭代时不会收缩。这类系统不存在吸引子。

**延迟重构**：一种模型状态空间，它取同样变量在时间上延迟的值代替其他状态变量的观测结果构建而成。

**决定论性动力学**：一种动力系统，其迭代无需借助随机数生成器。它的初态界定了迭代下的所有未来状态。

**耗散动力系统**：一种动力系统，其*状态空间*的体积平均而言向前迭代时会收缩。尽管体积会趋于 0，它不必收敛到一个点，而是有可能趋近一个相当复杂的*吸引子*。

**加倍时间**：初始不确定性加倍所用的时间；平均加倍时间是对可料性的一种度量。

**有效指数性增长**：取无限未来作平均值时，看似平均指数性的时间增长；但它在很长一段时间内，可能增长相当缓慢，甚至收缩。

**集合预报**：基于若干不同初态向前的迭代（或取不同的参数值，或甚至为不同模型）的一种预报；它在此过程中显示出（多个或一个）模型的多样性，为基于模型的预报中的不确定性可能造成的影响提供了下界。

**指数性增长**：X 的增长率与 X 值成比例的增长。X 值越大，它的增长速度就越快。

**不动点**：动力系统的保持不变的一个状态；一个系统内未来值就是其现行值的平稳点。

**流**：一种动力系统，其时间是连续的。

**分形**：一个自相似的点集，或一个自相似的方式很有趣的对象（比方说，比一条光滑直线或一个光滑平面更有趣）。通常，分形集所在空间具有 0 体积，比如二维空间的直线没有面积，或三维空间的平面没有体积。

**几何平均数**：将 N 个数相乘，然后取积的 N 次方根所得的结果。

**不可区分状态**：点集的一个成员；已知观测噪声模型，这个成员不被认为能够排除它生成了某个目标轨道 X 实际生成的观测结果。这样的点集称为 X 的不可区分状态集，它与任何特定的观测结果集无关。

**无穷小**：一个比任何能说出的数还要小的量，但是又严格大于 0。

**迭代**：应用一次界定*动力映射*的规则，把状态向前移动一步。

**线性动力系统**：一种动力系统，其解的和仍然是解；更笼统地说，就是允许解的叠加。（由于技术原因，我们不想表达为"只包含线性规则"。）

**李雅普诺夫指数**：把无穷接近的状态分隔开来的平均速度的一种度量。称其为指数，是因为它是平均增长率的对数，能够很容易地把平均指数性收缩（指数为负）和平均指数性增长（指数为正）区分开来。注意，慢过指数性的增长、慢过指数性的收缩和根本无增长这三种情况都对应一个指数值（0）。

**李雅普诺夫时间**：1 除以*李雅普诺夫指数*所得的结果。除了在最简单化的混沌系统中之外，这个数和任何事物的可料性都没什么关系。

**映射**：由现行状态决定新状态的规则；在这样的数学动力系统中，时间只取离散的（整数）值，因此 X 值的序列标记为 $X_i$，其中 i 常称为"时间"。

**模型**：一种数学动力系统，因自身的动力学，或者其动力学令人联想到物理系统的动力学而具有相关意义。

**噪声（测量）**：观测不确定性；其概念是存在一个我们试图测量的"真"值，且重复的尝试提供了与其接近但并非准确的数字。噪声是我们为测量的不准确所找的原因。

**噪声（动力学）**：任何干扰系统的事物；它改变了由模型的决定论性部分决定的未来行为。

**噪声模型**：噪声的数学模型；它试图对什么才算是真正的噪声作出解释。

**非构造性证据**：确认某事物存在，但没有告诉我们如何找到它的数学证据。

**非线性**：一切不是线性的事物。

**观测不确定性**：测量误差；对系统状态任何观测的不准确造成的不确定性。

**魔宫**：显示出混沌特征的暂态动力学，但是仅仅持续一段有限的时间（因此不是常返的）。

**参数**：模型中代表和界定所仿照系统某些特征的量。模型状态演化时，参数一般固定不变。

**完美模型情景（PMS）**：一种有用的数学花招；我们利用手边的模型生成数据，再假装忘记做过这件事，并利用模型和工具来分析"数据"。更笼统地说，或许是任何一种情景，其中我们拥有所研究系统的数学结构的完美模型。

**周期循环**：决定论性系统中自我闭合的一个状态序列，其初态紧随末态之后，无限循环往复；一个周期轨道或极限环。

**庞加莱截面**：一个流的横截面；当一个变量碰巧取某一特定值时，它记录所有变量的值。由庞加莱阐发，旨在容许他把流转变为*映射*。

**可料性（M）**：一种属性；容许不同于最终（气候学）分布随机选值的一个有用预报分布的构建。对有吸引子的系统来说，它意味着比从吸引子上胡乱取点更好的预报。

**可料性（P）**：一种属性；容许当前信息得出有关系统未来状态的有用信息。

**预测**：关于系统未来状态的一个陈述。

**概率性的**：一切不明确的事物；承认不确定性的陈述。

**随机动力学（random dynamics）**：未来状态不由现行状态决定的动力学。亦称 stochastic dynamics。

**常返轨道**：最终会回到非常接近于现行状态的一条轨道。

**样本-统计量（S）**：从一个数据样本估算得来的统计量（比如均值、方差、平均加倍时间或最大李雅普诺夫指数）。这个词用来避免和统计量的真值发生混淆。

**敏感依赖性**：相邻状态随着时间快速的、平均指数性的分离。

**影蔽（M）**：两个有着略微差异的动力学的完全已知模型之间的关系；在此关系中，可以证明其中一个模型会有某条轨道一直靠近于另一模型的一给定轨道。

**影蔽（P）**：当一个动力系统能够生成一条轨道，而这条轨

道在已知预期观测噪声的情况下，很可能产生了一组
观测结果时，我们说该动力系统在对这组观测结果
"影蔽"。影蔽是既与噪声模型又与观测结果相一致的
一条轨道。

**状态**：状态空间的一点，完全界定该系统的现行条件。

**状态空间**：一个空间，其中的每一点完全界定一个动力系
统的状态或条件。

**随机动力学**（stochastic dynamics）：参见*随机动力学*
（*random dynamics*）。

**奇异吸引子**：具有分形结构的吸引子。奇异吸引子可以是
混沌性的，也可以是非混沌性的。

**时间序列**（**M，P，S**）：表示系统随着时间的演化的一个
观测结果序列；九大行星[1]的位置、太阳黑子的数量，
以及田鼠的种群都是例子。它也是数学模型的输出结
果。在（**S**）中它还是模型本身，这一点常会造成混淆。

**暂态动力学**：如轮盘赌的一局、高尔顿钉板或 NAG 钉板
中的一个球那样的持续时间短暂的行为，因为球最终
总会停下来。参见*魔宫*。

---

1　见第 76 页注释 1。

# 百科通识文库书目

**历史系列：**

**艺术文化系列：**

## 自然科学与心理学系列：

破解意识之谜　　　　　认识宇宙学

密码术的奥秘　　　　　达尔文与进化论

恐龙探秘　　　　　　　梦的新解

情感密码　　　　　　　弗洛伊德与精神分析

全球灾变与世界末日　　时间简史

简析荣格　　　　　　　浅论精神病学

人类进化简史　　　　　走出黑暗——人类史前史探秘


## 政治、哲学与宗教系列：

动物权利　　　　　　　《圣经》纵览

释迦牟尼：从王子到佛陀　解读欧陆哲学

死海古卷概说　　　　　欧盟概览

存在主义简论　　　　　女权主义简史

《旧约》入门　　　　　《新约》入门

解读柏拉图　　　　　　解读后现代主义

读懂莎士比亚　　　　　解读苏格拉底

世界贸易组织概览